浙江大学魏绍相计算机教材建设基金资助
高等院校计算机专业课程综合实验系列规划教材

编译原理课程设计

冯 雁 鲁东明 李 莹
王 强 徐海燕 陈 华 著

陈志刚 主审

浙江大学出版社

内容提要

本书围绕着编译技术的基本原理和方法，以模拟程序设计语言 SPL(Simple Pascal Language)的编译器的设计和实现为主线，结合词法分析、语法分析、语义分析、代码生成、代码优化、错误处理等各个基本模块，对原理和实现方法进行了详细分析。该编译器可接受 SPL 的程序，并将其翻译成汇编语言程序，最终实现汇编语言到 8086/8088 机器语言的翻译。本书为编译技术等相关课程的实验提供了参考。在附件中还提供了三类不同类型和难度的实验题，可供课程实验选择。本书所附光盘包含了 SPL 编译器的所有代码。

本教材适合作为编译技术课程的配套的实验教材，也可作为有关编译方面研究的参考资料。

图书在版编目（CIP）数据

编译原理课程设计／冯雁等著．—杭州：浙江大学出版社，2007.11

（高等院校计算机专业课程综合实验系列规划教材；11406）

ISBN 978-7-308-05633-5

Ⅰ.编… Ⅱ.冯… Ⅲ.编译程序－程序设计－高等学校－教材 Ⅳ.TP314

中国版本图书馆 CIP 数据核字（2007）第 167175 号

编译原理课程设计

冯雁　鲁东明　李莹　王强　徐海燕　陈华　著

陈志刚　主审

丛书主编　何钦铭　陈根才

策　　划　黄娟琴　希　言

责任编辑　邹小宁　吴昌雷

封面设计　氧化光阴

出版发行　浙江大学出版社

（杭州天目山路 148 号　邮政编码 310028）

（E-mail：jsjsyb@zju.edu.cn）

（网址：http://www.zjupress.com

http://www.press.zju.edu.cn）

排　　版　浙江大学出版社电脑排版中心

印　　刷　德清县第二印刷厂

开　　本　787mm×1092mm　1/16

印　　张　14.5

字　　数　362 千

版 印 次　2007 年 11 月第 1 版　2007 年 11 月第 1 次印刷

印　　数　0001—3000

书　　号　ISBN 978-7-308-05633-5

定　　价　26.00 元(含光盘)

专家指导委员会

序 言

近 10 多年来,以计算机和通信技术为代表的信息技术迅猛发展,并已深入渗透到国民经济与社会发展的各个领域。信息技术成为国家产业结构调整和推动国民经济与社会快速发展的最重要的支撑技术。与此同时,深入掌握计算机专业知识、具有良好系统设计与分析能力的计算机高级专业人才在社会上深受欢迎。

计算机科学与技术是一门实践性很强的学科。良好的系统设计和分析能力的培养需要通过长期、系统的训练(包括理论和实践两方面)才能获得。高等学校的实践教学一般包括课程实验、综合性设计(课程设计)、课外科技活动、社会实践、毕业设计等,基本上可以分为三个层次:第一,是紧扣课堂教学内容,以掌握和巩固课程教学内容为主的课程实验和综合性设计;第二,是以社会体验和科学研究体验为主的社会实践和课外科技活动;第三,是以综合应用专业知识和全面检验专业知识应用能力的毕业设计。课程实践(含课程实验和课程设计)是大学教育中最重要也最基础的实践环节,直接影响后继课程的学习以及后继实践的质量。由于课程设计是以培养学生的系统设计与分析能力为目标,通过团队式合作、研究式分析、工程化设计完成较大型系统或软件的设计题目的,因此课程设计不仅有利于学生巩固、提高和融合所学的专业课程知识,更重要的是能够培养学生多方面的能力,如综合设计能力、动手能力、文献检索能力、团队合作能力、工程化能力、研究性学习能力、创新能力等。

浙江大学计算机学院在专业课程中实施课程设计(project)已有 10 多年的历史,积累了丰富的经验和资料。为全面总结专业课程设计建设的经验,推广建设成果,我们特别组织相关课程的骨干任课教师编写了这套综合实验系列教材。本系列教材的作者们不仅具有丰富的教学和科研经验,而且是浙江大学计算机学院和软件学院的教学核心力量。这支队伍目前已经获得了两门国家精品课程以及四门省部级精品课程,出版了几十部教材。

本套教材由《C 程序设计基础课程设计》、《软件工程课程设计》、《数据结构课程设计》、《数值分析课程设计》、《编译原理课程设计》、《逻辑与计算机设计基础实验与课程设计》、《操作系统课程设计》、《数据库课程设计》、《Java 程序设计课程设计》、《面向对象程序设计课程设计》、《计算机组成课程设计》、《计算机体系结构课程设计》和《计算机图形学课程设计》等十三门课程的综合实验教材所组成。该系列教材构思新颖、案例丰富,许多案例直接取材于作者多年教学、科研以及企业工程经验的积累,适用于作为计算机以及相关专业课程设计的实验教材;也适用于对计算机有浓厚兴趣的专业人士进一步提升计算机的系统设计与分析能力。从实践的角度出发,大部分教材配备了随书光盘,以方便读者练习。

可以说,本套教材涵盖了计算机专业绝大部分必修课程和部分选修课程,是一套比较完整的专业课程设计系列教材,也是国内第一套由研究型大学计算机学院独立组织编写的专业课程设计系列教材。鉴于书中难免存在的谬误之处,敬请读者指正,以便不断完善。

主编 何钦铭、陈根才

2007 年 6 月于求是园

前　言

编译原理是计算机科学与技术专业最重要的专业课之一，在计算机本科教学中占有十分重要的地位。编译原理课程具有很强的理论性与实践性，但是在教学过程中容易偏重于理论的介绍而忽视了实验环节，因此学生很难真正掌握这门学科的精髓。学生在学习时普遍感到内容抽象，不易理解，掌握起来难度较大。本书正是为弥补这一缺陷而编写的，可以和讲授编译原理理论的教材配合使用，对学生的实验有指导和帮助作用。

本书设计了模拟程序设计语言 SPL(Simple Pascal Language)及其编译器。该语言具有标准的数据类型和结构数据类型，以及基本的函数调用和过程调用，并包括各种控制语句。该语言的编译器涵盖了编译原理的词法分析、语法分析、中间代码生成、代码优化和目标代码生成等各阶段的内容，可接受 SPL 的程序，并将其翻译成我们所熟悉的 PC 机汇编语言程序，最终实现汇编语言到 8086/8088 机器语言的翻译。通过对该语言的编译器的分析，可使读者对编译原理有一个形象、直观和透彻的认识和感受，更深入地了解和掌握编译原理的内容和实现方法，进而提高分析问题与解决问题的能力。

本书的主要内容如下：第 1 章简单介绍了编译程序的基本结构、设计平台和 SPL 语言。第 2 章简单介绍了词法分析的原理，详细分析了词法分析程序的基本数据结构、预处理程序、词法分析程序的实现。第 3 章简单介绍了语法分析的原理和具体方法，详细分析了语法分析程序的基本数据结构及其语法分析程序的具体实现。第 4 章简单介绍了符号表的管理，并对符号表的数据结构和语义分析的实现进行了详细的说明。第 5 章简单介绍了编译原理的错误处理技术及错误分类，并对错误处理的实现机制进行了探讨，介绍了对错误处理程序的实现。第 6 章介绍了代码生成涉及的指令编码、生成代码的管理，存储管理和寄存器管理等；详细分析了各种控制结构生成代码的方法。第 7 章介绍了中间代码的优化技术，并对相应的实现进行了详细的说明。第 8 章对 SPL 语言编译器进行了详细剖析，包括各模块的构成、具体的数据结构、各个模块之间的接口等。附件根据不同层次的读者给出了三类实验题目，有针对性地提出了实验环节的学习目标。书后光盘给出了基于 SPL 的语言编译器源代码，供读者参考使用。

本书由冯雁撰写第 1 章和第 4 章，徐海燕撰写第 2 章，鲁东明撰写第 3 章，，王强撰写第 5 章和第 7 章，李莹撰写第 6 章，陈华撰写第 8 章。另外，在本书的写作过程中也得到了研究生占志峰、王小燕等的帮助，在此表示深切的谢意。

由于水平所限，对书中存在的谬误之处，敬请读者指正。

作　者

2007 年 10 月

目　　录

第1章　引　　论 …… 1

1.1　本书介绍 …… 1
1.2　SPL语言的特点及实验安排 …… 1
1.2.1　SPL语言的特点 …… 2
1.2.2　SPL语言编译器的主要结构 …… 2
1.2.3　实验安排 …… 4
1.3　平台的选择和介绍 …… 5
1.3.1　LEX简介 …… 5
1.3.2　YACC简介 …… 7

第2章　词法分析 …… 11

2.1　词法分析器的基本框架 …… 11
2.2　词法分析器的基本原理 …… 16
2.2.1　DFA的构造和实现 …… 17
2.2.2　词法分析的预处理 …… 19
2.2.3　实现词法分析器的注意要点 …… 20
2.3　词法分析器的实现 …… 21
2.3.1　SPL语言单词属性字 …… 21
2.3.2　SPL词法分析器的输入和输出 …… 22
2.3.3　SPL词法分析器的分析识别 …… 22

第3章　语法分析 …… 27

3.1　语法分析的基本框架 …… 27
3.1.1　上下文无关文法 …… 27
3.1.2　语法分析过程 …… 28
3.1.3　语法分析过程中的数据结构 …… 28
3.2　语法分析的基本方法 …… 31
3.2.1　自顶向下的分析方法 …… 31
3.2.2　自底向上的分析方法 …… 34
3.3　语法分析的实现 …… 37
3.3.1　SPL语法定义 …… 37

3.3.2 SPL 语法分析 …… 37

第 4 章 符号表实现 …… 58

4.1 符号表的操作及数据结构 …… 58
4.1.1 符号表的操作 …… 58
4.1.2 符号表的数据结构 …… 59
4.2 基本原理和设计要点 …… 61
4.2.1 作用域规则 …… 61
4.2.2 设计要点 …… 64
4.3 SPL 符号表的实现 …… 64
4.3.1 符号表的组织方式 …… 64
4.3.2 符号表的具体实现 …… 67

第 5 章 错误处理 …… 73

5.1 错误处理基本原理 …… 73
5.1.1 错误的种类 …… 74
5.1.2 错误的诊察和报告 …… 74
5.1.3 错误处理技术 …… 75
5.1.4 错误处理实现中的要点 …… 78
5.2 错误处理的实现 …… 79
5.2.1 错误处理数据结构定义和相关函数 …… 79
5.2.2 词法错误处理 …… 81
5.2.3 语法错误 …… 82
5.2.4 语义错误 …… 85
5.2.5 限制重复报告错误 …… 86

第 6 章 代码生成 …… 87

6.1 代码生成原理及主要数据结构 …… 87
6.1.1 技术概述 …… 87
6.1.2 主要数据结构 …… 89
6.2 代码生成的关键要点 …… 90
6.2.1 布尔表达式的代码生成 …… 90
6.2.2 条件语句的代码生成 …… 90
6.2.3 循环结构的代码生成 …… 91
6.2.4 程序调用的代码生成 …… 91
6.3 目标机器环境说明 …… 95
6.3.1 目标机器 8086 …… 95
6.3.2 目标机器 i386 …… 97
6.4 代码生成程序的实现 …… 99

6.4.1 定义与声明的翻译 …… 99
6.4.2 表达式的翻译 …… 116
6.4.3 语句和控制流的翻译 …… 128

第 7 章 代码优化 …… 143

7.1 总体框架 …… 143
7.2 基本原理 …… 143
7.2.1 代码优化分类 …… 143
7.2.2 常量表达式优化 …… 144
7.2.3 公共表达式的优化 …… 145
7.2.4 循环优化 …… 146
7.2.5 优化实现的要点 …… 147
7.3 优化的实现 …… 147
7.3.1 常量合并的实现 …… 147
7.3.2 公共表达式节省的实现 …… 153

第 8 章 SPL 编译器完整实现 …… 164

8.1 编译程序概述 …… 164
8.2 编译器各部分接口 …… 169
8.2.1 词法分析 …… 169
8.2.2 语法分析 …… 173
8.2.3 语义分析 …… 181
8.2.4 中间代码生成 …… 185
8.2.5 代码优化 …… 186
8.2.6 目标代码生成 …… 189
8.2.7 错误处理 …… 192
8.3 语言的扩充和实现 …… 195
8.3.1 词法分析器的语言扩充 …… 196
8.3.2 语法分析器的语言扩充 …… 196
8.3.3 符号表的语言扩充 …… 197
8.3.4 树和 DAG 扩充 …… 198
8.3.5 目标代码生成的语言扩充 …… 198
8.4 实现方法的替换和实现 …… 198
8.5 编译器的编译和测试 …… 199
8.5.1 Linux 环境下的编译和运行 …… 200
8.5.2 Windows 环境下的编译和运行 …… 201

附件 1 实验题目 …… 202

附件 2 SPL 语法定义 …… 210

参考文献 …… 216

第1章 引 论

编译器的原理与技术具有十分普遍的意义,在计算机科学中也是比较成熟的学科,其发展历史虽然不长,但其内容却十分丰富,用途也十分广泛。它是计算机专业,特别是软件专业的主要基础课。编译器的编写涉及程序设计语言、计算机体系结构、语言理论、算法和软件工程等内容。

编译原理是一门实践性较强的课程,仅仅是介绍原理和算法,很难真正学好这门课程,在以后的实践中也很难得到较好的应用。本书的目的就是配合编译原理课程的教学,能促使学生善于综合运用所学理论,融会贯通地掌握所学知识,锻炼实际开发设计项目的能力。

1.1 本书介绍

学习编译原理最好的方法莫过于自己动手设计实现一个编译器。本书以设计、实现一个类 PASCAL 编译程序(SPL)为主题,以编译器的各个模块:词法分析、语法分析、语义分析、代码生成、代码优化等为主线,分析介绍在具体设计和开发过程中所需要解决的一些问题,综合介绍编译原理、数据结构、C 语言、汇编语言多方面的内容。重点介绍了 SPL 编译器。

1.2 SPL 语言的特点及实验安排

SPL 语言是一种类 PASCAL 语言,后者由 N. Wirth 于 1971 年提出来的,它是系统地体现由 E. W. Dijkstra 和 C. A. R. Hoare 定义的结构程序设计概念的第一种语言。PASCAL 语言具有结构清晰、便于学习和有丰富的数据类型和语句的特点,因而选择它作为编译器的源语言。SPL 语言具有标准的数据类型和结构数据类型,包括数组和记录结构,具有基本的函数调用和过程调用,语句包括赋值语句、if 语句、repeat 语句、while 语句、for 语句、case 语句等,表达式包括逻辑表达式、数学表达式。

Intel 80X86 体系有较为丰富的技术资料,所以本书选择 X86 汇编语言作为目标语言,这也便于在开发中使用现有的汇编器(Assembler)和调试器(Debugger)。

本书中实现的编译器采用了模拟的 SPL 语言(Simple Pascal Language)。SPL 具备了过程式语言的基本特征,该语言的编译器涵盖了编译原理的词法分析、语法分析、中间代码生成、代码优化和目标代码生成等各阶段的内容,该编译器可接受 SPL 的程序,并将其翻译成我们所熟悉的 PC 机汇编语言程序,最终实现从汇编语言到 X86 机器语言的翻译。通过对该语言的编译器的分析,使学生对编译原理有一个形象、直观和透彻的认识和感受,以便更深入了解和掌握编译原理的内容和实现方法,进而提高分析问题与解决问题的能力。

SPL 编译器的运行环境如下:

对于类 PASCAL 程序 EXAMPLE. PAS(在 DOS 环境下)

(编译) SPLC EXAMPLE. PAS

(汇编)MASM EXAMPLE. ASM

(拷贝操作系统相关库函数的汇编文件,符合 DOS 8.3 文件命名规则)

COPY X86RTLDOS. ASM X86DOS. ASM

(汇编)MASM X86DOS. ASM

(连接) LINK EXAMPLE. OBJ X86DOS. OBJ

(运行)EXAMPLE

在后面每一章节中,有关编译器的主要理论以及实现技术,将围绕 SPL 语言的编译器加以展开。同时,结合每部分的具体内容,也都布置了若干个实验程序可以练习,并作为附件 1 放在本书最后。

1.2.1 SPL 语言的特点

SPL 语言文法类似 PASCAL 语言文法。

数据类型:整型、布尔型、字符型、字符串、枚举、子界、数组、记录。

数据操作:加、减、乘、除、整除、取模、布尔代数。

I/O 操作:read、write、readln、writeln。

标准函数:abs、odd、sqr、sqrt、succ、pred。

语句:if-then-else 语句、repeat-until 语句、while 语句、for 语句、case 语句。

函数和过程:具有分程序规则,可嵌套、递归调用。

1.2.2 SPL 语言编译器的主要结构

SPL 编译器是由词法分析、语法分析、代码生成、符号表管理和错误处理等部分组成,如图 1.1 所示。

在结构上,SPL 编译器由词法分析、语法分析、语义分析、中间代码生成、中间代码优化和目标代码生成、符号表管理、错误处理等模块组成。其中词法分析、语法分析、语义分析、中间代码生成和部分的中间代码优化(目标机器无关优化)是语言相关目标机器无关的前端,而剩余部分的中间代码优化(目标机器相关优化)和目标代码生成是语言无关目标机器相关的后端,符号表和错误处理是公共部分。前端和后端之间的联系是 DAG 表示的中间代码。将编译器的结构分为前端和后端的原因是为了提高对 SPL 进行移植或扩展时的代码重用性。在现有的 SPL 编译器的基础上,如开发另外一种语言的编译器只需要扩充前端,而如果需要让 SPL 编译器支持另外的目标机器和操作系统只需要扩充后端。

SPL 编译器的词法分析采用了 LEX 工具,代码位于 spl.l 文件。语法分析采用 YACC 工具,代码位于 spl. y 文件,另外有辅助生成语法树的 tree. c 文件。出于效率和 YACC 工具的特性,语义分析的代码也存在于 spl. y 文件中,由 YACC 在识别语法单位时调用。中间代

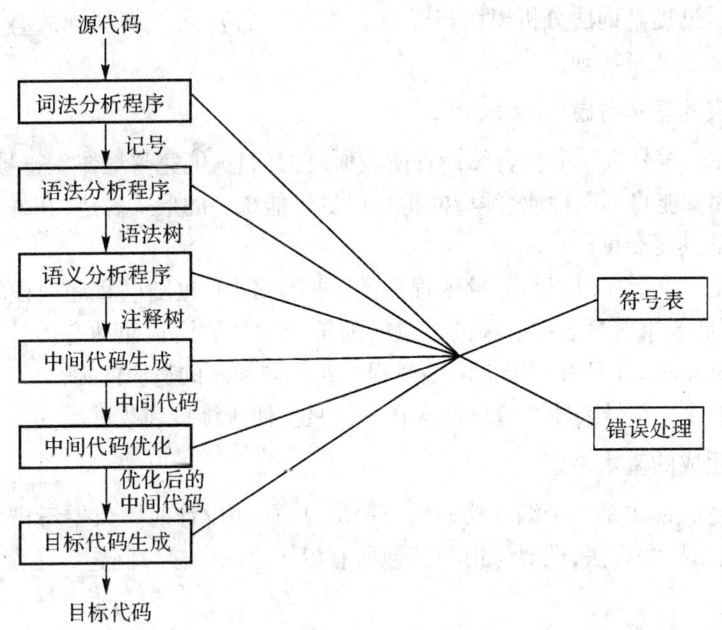

图 1.1 编译器的主要结构示意

码生成位于 dag.c 文件,将语法树转换为 DAG 图。部分的中间代码优化在中间代码生成阶段完成,其他的优化部分存在于文件 opti.c 中。代码生成部分包括了 X86linux.c,X86dos.c,分别对应于生成 Linux 操作系统下目标代码和 DOS 操作系统下目标代码,另外还有两个汇编语言编写的文件 X86rtllinux.asm 和 X86rtldos.asm,分别实现了 Linux 和 DOS 操作系统下的 SPL 系统函数(如 read,write,sqrt 等)。符号表操作部分包括 symtab.c 和 type.c。错误处理包含在各个部分中,error.c 处理错误的输出格式。

与一般的编译器相比,SPL 编译器的结构要紧凑得多,这主要是出于高效率和便于实现的要求。其核心部分是语法分析和代码生成部分,即由语法定义配上语义子程序的 YACC 程序,它把语法分析和代码生成合成为一个部分。其他的词法分析、符号表管理、代码优化和错误处理部分则采用通常的方式来构造。

具体实现上,对 SPL 编译器的主要功能模块有一些基本考虑点。

1. 对词法分析器的基本考虑

(1) 正确识别每一个单词,为语法分析提供正确的单词,这主要依靠正确设计正规定义和辅助动作。

(2) 保持与标准 PASCAL 程序的一致性,由于 SPL 编译器只能处理 PASCAL 语言的子集,对标准 PASCAL 程序必然有无法处理的情况,因此要在词法处理过程中报告出现了这种情况,以避免在语法分析中产生不正确的错误信息。

(3) 保持词法分析器与语法分析器通信的正确性和动作的同步性。

(4) 在 I/O 操作和单词识别两方面具有较高的效率,可采取设置缓冲区,增加每次读写量从而减少总的 I/O 操作次数来满足 I/O 的要求。通过改进对关键字表的查找方法来提高单词识别的效率。

(5) 词法分析器的设计具有一定的通用性,只需很少的改动就可以移植到其他系统。

这一要求主要通过提高词法分析模块相对整个系统的独立性,提高与词法有关的过程和通用过程的相对独立性来实现。

2.对符号表的基本考虑

(1) 完整性。符号表项应包含编译各阶段所需的信息,能完整地体现符号的特征。

(2) 灵活性。能将不同性质、类型的符号以尽可能统一的形式表达,在提高符号表应用范围的同时降低其复杂度。

(3) 动态性。由于标识符的数量随程序的不同而不同,也随同程序内模块的不同而有较大的不同,因此要求符号表中表项的数量能随符号数量的增长而动态增长。这不仅有利于提高内存的利用率,而且有利于提高编译程序对不同程序的适应能力。

(4) 可维护性。符号表体系应该层次化、模块化,便于维护和改进。

3.对代码生成的基本考虑

由于代码生成模块是整个编译器的核心模块,因此在设计时不仅要考虑到模块自身的组织方式、数据结构和算法,还要考虑与其他所有模块之间的接口问题。在设计中的主要应考虑的问题有:

(1) 语法制导的定义。要尽量保证描述语言的文法正确性,还有考虑解决文法二义性的具体方法。

(2) 编译模式。编译模式也称为内存模式,它是指如何在内存为程序、数据、堆栈分配空间并存取它们。通常编译器提供微模式、小模式、紧凑模式、中模式、大模式和巨模式6种编译模式。由于程序规模的限制,SPL编译器只提供小模式,适于代码规模小、数据量小的程序。在小模式中,代码段与数据段分离,即最大可用空间为128K,寻址方式都是16位。所有调用都是近调用,但同时允许对个别不在代码段内的函数用FAR关键字来调用。

(3) 调用帧的设计。调用帧是支持子程序结构的重要部分。子程序调用及返回包含着数据传送和控制转移两方面的内容,要保证调用的正确执行,必须遵循一定的规则,调用帧要有较固定的格式。

(4) 运行库的设计。将经常用到的abs,sqr,pred等标准函数和read,write等标准过程集中在一起,建立运行库(Run-Time Library),在用户代码中仅生成一条过程调用的指令,由连接程序将有关代码装入可执行程序。

(5) 错误检测和恢复。主要考虑如何限制错误的重复报告,如何保证提供的错误信息的准确性,并使得错误检测和恢复的实施不会在语法分析等模块的效率上造成太大的影响。

1.2.3 实验安排

在编译原理的学习过程中,实验非常重要,只有通过上机实验,才能对比较抽象的课程内容产生一个具体的感性认识,对这些工作原理有一个详细的了解,达到“知其然,且知其所以然”的目的。建议实验环境主要为C或C++环境及一个词法分析器自动生成工具LEX和一个语法分析器自动生成工具YACC。在下一节中,将对这两个工具做初步的介绍。

实验题目主要分为三大类:

第一类实验题主要以单独的一些词法分析和语法分析小程序为主,无须与本书提供的SPL编译器相关,相对难度较低,适合一般性的学习要求。

第二类实验题与SPL编译器有较紧密的联系,主要在SPL编译器的基础上,对SPL的功能进行一些替换或增加。有一定的难度,适合要求较高的学习。

第三类实验题是在课程学习的同时,参考SPL编译器,自行设计和实现某类语言的小型编译器。有一定的难度,适合要求较高的学习。

具体关于实验学时和安排,可根据实际情况和难度要求,选做其中的一部分。有以下一些建议:仅考虑第一类实验题,可根据具体实验学时数选择若干题,如1个学分的实验学时,建议安排第一类题3~5题。如希望有一定难度要求,可根据实验学时数,在第一类题目中各选一个词法分析和语法分析的小程序作为准备工作,再选择第二类中的1~2个题或者第三类题。

有关具体实验题目详见最后附件1。

1.3　平台的选择和介绍

在编译过程中,词法分析和语法分析是两个重要阶段。上节也提到了SPL编译器中采用了辅助工具LEX和YACC。它们是Unix环境下非常著名的两个工具,可以生成分别完成词法分析和语法分析功能的C代码。在学习编译原理过程中,可以利用这两个工具,加深对两个阶段的理解。选择该工具作为开发编译器的平台也是由于该工具是一个开放的源码,并且随着计算机技术的发展,也诞生了很多不同环境下的版本,比较方便在这些版本上开发编译器。如熟知的有Unix环境下的LEX和YACC,有英国Bumble-Bee Software公司生产的Windows环境下的YACC和LEX集成环境Parser Generator,它包括一个图形用户界面,同时包括YACC和LEX两个版本,分别叫做AYACC和ALEX。

在这一节中对LEX和YACC的一些主要功能进行介绍。

1.3.1　LEX简介

LEX是LEXical compiler的缩写,主要功能是生成一个词法分析器(Scanner)的C源码。描述词法分析器的文件,经过LEX编译后,生成一个lex.yy.c的文件,然后由C编译器编译生成一个词法分析器。词法分析器,简单地说,其任务就是将输入的各种符号,转化成相应的标识符(token),转化后的标识符很容易被后续阶段处理。

LEX源程序是用一种面向问题的语言写成的,核心是正规表达式,描述输入串的词法结构。在这个识别语言中还可以描述当一个单词被识别时要完成的动作。LEX并不是一个完整的语言,只是某种高级语言(称为LEX的宿主语言)的扩充,因此LEX没有为描述动作设计新的语言,而是借助其宿主语言来描述动作。在此以C语言为例。图1.2给出LEX的工作示意图。LEX源程序经过LEX编译器的处理,自动把表示输入词法结构的正规式及相应的动作转换成一个宿主语言的程序,在Unix环境中,lex.l为LEX的源程序,Lex.yy.c为LEX的目标程序,它是一个C程序,包括以正规式构造的表格形式表示的状态转换图,以及使用该表格识别单词的标准子程序。在lex.l中包含一些C代码段,是词法分析器需要执行的动作。Lex.yy.c程序经由C编译生成目标文件a.out,该目标文件可以将所编译的高级程序设计语言的输入字符流变换成标记流。

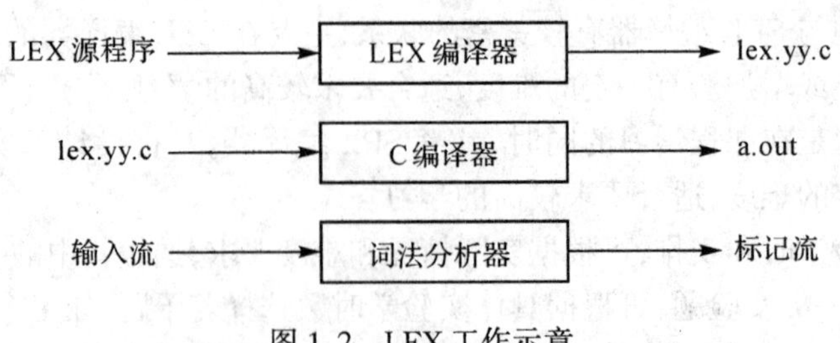

图 1.2 LEX工作示意

LEX 编译器的工作原理是:LEX 编译器将 LEX 源程序中的正规式经过若干步骤的转换(正规式→NFA→DFA→最小状态数的 DFA),最终转换成相应的等价确定有限状态自动机,并将其动作插入到 lex.yy.c 中适当的地方。控制流是由确定的有限状态自动机的解释器掌握,解释器是 LEX 的构成部分,对不同的输入源程序来说解释器是相同的。

LEX 源程序由三部分构成:说明部分、转换规则以及辅助过程,各个过程之间用%%做间隔符,格式为:

```
说明部分
%%
转换规则
%%
辅助过程
```

这三个部分不是都必须具备的,当没有辅助过程时,第二个%%也可以省略。第一个%%是必须有的,标志着转换规则部分的开始。最短的合法 LEX 程序是:

```
%%
```

它的作用是将输入串原样抄到输出文件中去。

说明部分包括变量的说明、常量说明及正规定义。正规定义是形式如下的一系列定义:

$d_1 \rightarrow r_1$

$d_2 \rightarrow r_2$

...

$d_n \rightarrow r_n$

设 Σ 是基本字母表,每个 d_i 是不同的名字,每个 r_i 是在 $\sum \cup \{d_1, d_2, \cdots, d_{i-1}\}$ 上的正规式,即由基本字母表和前面定义的名字组成。正规定义的 d_i 可以用做转换规则中出现的正规表达式的成分使用。有些 LEX 版本不用"→",正规定义形式直接为:

$d_1 \quad r_1$

$d_2 \quad r_2$

...

$d_n \quad r_n$

如 IDENT [a-zA-Z] [a-zA-Z0-9]*。

转换规则是 LEX 的核心,它是一张表,左边一列是正规式,右边一列是相应的动作,形式如下所示：

p_1 {$action_1$}

p_2 {$action_2$}

...

其中，每个 p_i 是一个正规式，每个 $action_i$ 是一段C代码，指明识别 p_i 后相应的动作。正规式与动作之间必须有空格分开，如果动作占两行或以上，必须用花括号括起来。正规定义在识别规则中必须用{}括起来使用，系统自动进行替换。在转换规则中可递归使用已定义的常量，但正规定义不能循环定义。输入串中不与任何正规式匹配的字符串被原样抄到输出文件中去。若希望滤掉输入中的某些字符串，可以用空语句实现。

识别规则的二义性：当多于一条规则与同一个字符串匹配时，LEX的处理原则是匹配最多字符的规则优先；并且在能匹配相同数目的字符的规则中，先给出的规则优先。

辅助过程是action中所需要的一些辅助例程，这些例程可以分别编译并且放置于词法分析器中。

由LEX生成的词法分析器与语法分析器协同工作方式如下：词法分析器被语法分析器调用后，从尚未扫描的输入字符串中读字符，每次读入一个字符，直到发现能与某个正规表达式p匹配的最长前缀。然后，词法分析器执行相应的action，通常action会把控制返回给语法分析器。如若不然，则词法分析器继续发现更多的标记，直到某个操作把控制返回给语法分析器。

通常，词法分析器只返回标记给语法分析器，而与标记相关的属性值是通过全局变量yylval传递的。

1.3.2 YACC简介

YACC代表Yet Another Compiler Compiler。YACC的GNU版叫做Bison。它是一种工具，将任何一种编程语言的所有语法翻译成针对此种语言的YACC语法解析器。它用巴科斯范式(Backus Naur Form,BNF)来书写。按照惯例，YACC文件有.y后缀。

从字面上理解，YACC是一个编译程序的编译程序，但严格说它还不是一个编译程序自动产生器，因为它不能产生完整的编译程序。YACC输入用户提供的语言的语法描述规格说明，基于LALR语法分析的原理，自动构造一个该语言的语法分析器，如图1.3所示，同时，它还能根据规格说明中给出的语义子程序建立规定的翻译。

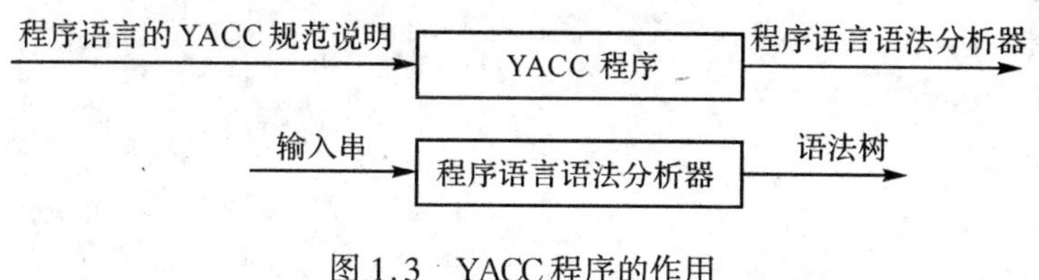

图1.3 YACC程序的作用

YACC规格说明(或称YACC源程序)由说明部分、翻译规则和辅助过程三部分组成，其形式如下：

说明部分
%%
翻译规则
%%
辅助过程

下面以构造台式计算器的翻译程序为例,介绍关于 YACC 的规格说明。该台式计算器对一个算术表达式进行求值,然后打印其结果。设算术表达式的文法如下:

```
E→E+T\T
T→T*F\F
F→(E)\digit
```

其中,digit 表示 0,…,9 的数字。根据这一文法写出 YACC 的规格说明如下:

```
%{
# include <ctype.h>
%}
token DIGIT
%%
line   :expr   ´\n´ {printf("%d\n", $1);}
       ;
expr   :expr   ´+´   term { $ $ = $1+ $3;}
       | term
term   :term   ´*´   factor { $ $ = $1* $3;}
       | factor
       ;
factor:´(´   expr  ´)´ { $ $ = $2;}
       | DIGIT
       ;
%%
yylex() {
  int c;
  c=getchar();
    if(isdigit(c)) {
      yylval=c-´0´;
      return DIGIT;
    }
    return c;
}
```

在 YACC 的规格说明里,说明部分包括可供选择的两部分。用%{和%}括起来的部分是C语言程序的正规说明,可以说明翻译规则和辅助过程里使用的变量和函数的类型。例中只有一个语句

```
# include <ctype.h>
```

它将导致C预处理器把包含isdigit函数说明的头文件<ctype.h>引入进来。语句

```
%token DIGIT
```

指出DIGIT是token类型的单词(标记),供后面两部分引用。

在第一个%%之后是翻译规则,每条规则由文法的产生式和相关的语义动作组成。形如

```
左部→候选1|候选2|...|候选n|
```

的产生式,在YACC规格说明里写成

```
左部:候选1 {语义动作1}
     | 候选2 {语义动作2}
     ...
     | 候选n {语义动作n}
     ;
```

在YACC产生式中,用单引号括起来的单个字符'c'看成是终结符号c,没括起来并且也没被说明成标记(token)类型的字母数字串看成是非终结符号。产生式的左部非终结符之后是一个冒号,右部候选式之间可以用竖线分隔。在产生式的末尾,即其所有右部和语义动作之后,用分号表示结束。第一个产生式的左部非终结符看成是文法的开始符号。

YACC的语义动作是C语言的语句序列。在语义动作里,符号$$表示和左部非终结符相关的属性值,$1表示和产生式右部第一个文法符号(终结符或非终结符)相关的属性值,$3表示和产生式右部第三个文法符号相关的属性值。由于语义动作都放在产生式可选右部的末尾,所以,在语法分析规约时执行相关的语义动作。这样,可以在每个$i的值都求出之后再求$$的值。在上述的规格说明里,产生式E→E+T\T及相关的语义动作表示为

```
expr :expr  '+'  term       {$$ = $1+ $3;}
     | term
;
```

表示产生式右部非终结符expr的属性值加上非终结符term的属性值,结果作为左部非终结符expr的属性值,从而规定出按照这一产生式进行求值的语义动作。我们省略了第二个产生式候选求值的语义动作,本来这一行的末尾应该设置

```
{$$ = $1;}
```

但考虑这样原封不动进行复制的语义动作没有意义,所以省略。在YACC源程序中,我们加入了一个新的开始产生式:

```
line :expr  '\n'  {printf("%d\n",$1);}
```

用来表示关于台式计算器的输入是一个算术表达式,其后用一个换行符表示输入结束;与该产生式相关的语义动作

```
{printf("%d\n",$1);}
```

打印关于非终结符expr的属性值,即表达式的结果值。

第二个%%之后是辅助过程,它由一些C语言函数组成,其中必须包含名为yylex的词

法分析器。其他例程,如 error 错误处理例程,可根据需要加入。每次调用函数 yylex()时,得到一个单词符号,该单词符号包括两部分:一部分是单词种别,单词种别必须在 YACC 源程序中第一部分说明;另一部分是单词自身值,通过 YACC 定义的全程变量 yylval 传递给语法分析器。

第2章

词法分析

自然语言的理解是在单词的基础上进行的。自然语言由字符构成单词,单词构成短语,短语构成句子,进而构成具有特定含义的文章。与自然语言类似,高级程序设计语言中,字符串序列(ASCII码)构成单词(token),单词序列构成短语,短语结构构成句子,进而构成具有特定功能、完成特定任务的源程序。编译器的目标和任务是识别并分析这些语法结构,使其为机器所理解,并执行相应的动作,完成相应的功能。其中,单词是整个编译分析过程的基础,编译器首先完成词法分析过程。

本章节首先提出词法分析的实验目标与任务;然后概要介绍词法分析的基本方法与技术,着重于词法分析预处理、单词结构识别、数字转换等环节展开描述;最后给出词法分析程序的实现说明。

词法分析作为编译程序设计的第一个阶段,主要的目标是把源程序字符输入变成可进一步分析的 token 序列,该实验的重点在于 token 的识别。我们将围绕词法分析技术的核心部分,结合 SPL 语言,详细地阐述具体词法分析过程,目的在于使得读者能较顺利地掌握这些基本的词法分析技术。

完成词法分析任务的程序称为词法分析程序,通常称为词法分析器或扫描器,其功能如图 2.1 所示。

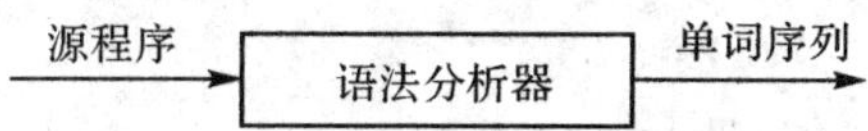

图 2.1　词法分析程序的功能

词法分析程序要完成的主要任务包括:

· 过滤源程序中的空白符号和注释。

· 识别各种常量,把字符形式的常量表示翻译成编译器的内部表示。

· 识别标识符和关键字。

· 识别源程序中的各种符号。

· 构造符号表,将所识别的相关信息储存在符号表内供编译的其他分析过程使用。

另外,词法分析器还能完成一些辅助功能,如统计源程序的行数,对数值型常量进行初步处理等。

2.1　词法分析器的基本框架

词法分析器可以方便地用两种方法来实现。除了手工编程外,另一种方法是利用 LEX

等自动生成工具来生成词法分析程序。开发一种新的高级程序设计语言时,由于其单词符号在不停地修改,采用 LEX 等工具生成的词法分析程序比较易于修改和维护。一旦高级程序设计语言已经确定,则采用手工编写的方法得到的词法分析程序分析效率更高。

不论是采用手工编程还是自动生成方法,词法分析器都要完成相应的扫描输入、分析识别、单词输出三个阶段的工作,其基本框架是一致的,依赖于词法规则的分析识别阶段是词法分析的核心。词法规则通常表示为正则表达式或者是状态转换图的形式。对单词的分析识别,本质上说就是对该单词对应的词法规则的正则表达式或者是状态转换图的分析识别。

下面所示的伪代码描述了一个词法分析器的基本框架,该词法分析器能够分析高级程序设计语言包含数字、标识符(字母打头的字母数字序列)以及相应的单字符操作符。分析程序首先扫描输入的字符序列,判断该字符所属的单词类别,针对不同的单词类别进行相应的分析,继续扫描输入直至同属于该单词的字符序列分析完毕,完成相应的内部转换,并将对应的信息插入到符号表的相关位置。

词法分析器的代码如下:

```
function scanner: integer;
var buf: array[0..100] of char
    c: char;
begin
    loop begin
            读一个字符到 c;
            If c 是空格或制表符 then
                什么也不做
            else if c 是一个数字 then begin
                该数字和其后数字的所表示的数的值存入 tokenval;
                return NUM
            end
            else if c 是一个字母 then begin
                将 c 和其后的连续字母和数字存入 buf;
                p := lookup(buf);
                If p = 0 then
                    p:= insert(buf, ID)
                tokenval := p
                return 表项 p 的 token 域
            end
            else begin /* 单词是单个字符 */
                将 tokenval 值置为 NONE;
                return 字符 c 的整数编码
            end
        end
end
```

手工编程与自动生成的词法分析程序的框架都是类似的,针对不同的高级程序设计语言对应的不同词法规则,只需要将新增的词法结构作为 else 的相关分支增加到对应的框架中去即可。如上给出的是最简单的一种词法分析器代码形式，另外，还可以采用状态变量和case相结合的方法，或者是利用表驱动的方法构造词法分析程序的基本框架。

本章将要介绍的SPL编译器的词法分析器将采用自动生成工具，有几个关键数据结构需要注意。

1.关键字数据表项KEYENTRY(参见common.h)

```
typedef struct
{
        char name[NAME_LEN];
        int key;
        int attr;
        int ret_type;
        int arg_type;
}
KEYENTRY;
```

KEYENTRY前面两个域用来区分单词的种类，其中name域保存单词的名字，key域保存单词的种类标识，key是词法分析器传递给语法分析器的终结符信息。KEYENTRY后面三个域是为系统函数和过程而设的。其中attr域保存函数和过程标识，ret_type域表示函数的返回值类型，arg_type域表示函数的参数类型。由于所有的系统函数和过程都只有一个参数(read和write除外)，而且返回值都是标准类型integer，char，boolean，real，point之一，因此后面三个域足以表达一个函数或过程的全部信息。

例如：关键字"begin"对应的表项为{"begin"，kBEGIN，KEYWORD，0，0}；系统函数"sin"对应的表项为{"sin"，SYS_FUNCT，fSIN，TYPE_REAL，TYPE_REAL}；系统过程"packed"对应的表项为{"packed"，SYS_PROC，pPACK，TYPE_VOID，TYPE_VOID}。

SPL词法分析器中对应的关键字表如下所示：

```
KEYENTRY Keytable[] = {
{"abs",      SYS_FUNCT,     fABS, TYPE_INTEGER, TYPE_INTEGER},
{"and",      kAND,          KEYWORD, 0, 0},
{"array",    kARRAY,        KEYWORD, 0, 0},
{"begin",    kBEGIN,        KEYWORD, 0, 0},
{"boolean", SYS_TYPE, tBOOLEAN, 0, 0},
{"case",     kCASE,         KEYWORD, 0, 0},
{"char",     SYS_TYPE,      tCHAR, 0, 0},
{"chr",      SYS_FUNCT,     fCHR, TYPE_CHAR, TYPE_CHAR},
{"const",    kCONST,        KEYWORD, 0, 0},
{"div",      kDIV,          KEYWORD, 0, 0},
{"do",       kDO,           KEYWORD, 0, 0},
{"downto",   kDOWNTO,       KEYWORD, 0, 0},
{"else",     kELSE,         KEYWORD, 0, 0},
{"end",      kEND,          KEYWORD, 0, 0},
{"false",    SYS_CON,       cFALSE, 0, 0},
```

```
{"for",       kFOR,          KEYWORD, 0, 0 },
{"function", kFUNCTION, KEYWORD, 0, 0 },
{"goto",      kGOTO, KEYWORD, 0, 0 },
{"if",        kIF,           KEYWORD, 0, 0 },
{"in",        kIN,           KEYWORD, 0, 0 },
{"integer", SYS_TYPE, tINTEGER, 0, 0 },
{"label",     kLABEL,        KEYWORD, 0, 0 },
{"maxint",    SYS_CON,       cMAXINT, 0, 0 },
{"mod",       kMOD,          KEYWORD, 0, 0 },
{"not",       kNOT,          KEYWORD, 0, 0 },
{"odd",       SYS_FUNCT,     fODD, TYPE_INTEGER, TYPE_BOOLEAN },
{"of",        kOF,           KEYWORD, 0, 0 },
{"or",        kOR,           KEYWORD, 0, 0 },
{"ord",       SYS_FUNCT,     fORD, TYPE_INTEGER, TYPE_INTEGER },
{"packed",    kPACKED,       KEYWORD, 0, 0 },
{"pred",      SYS_FUNCT,     fPRED, TYPE_INTEGER, TYPE_INTEGER },
{"procedure", kPROCEDURE,    KEYWORD, 0, 0 },
{"program",   kPROGRAM, KEYWORD, 0, 0 },
{"read",      pREAD, pREAD, 0, 0 },
{"readln",    pREAD, pREADLN, 0, 0 },
{"real",      SYS_TYPE,      KEYWORD, 0, 0 },
{"record",    kRECORD,       KEYWORD, 0, 0 },
{"repeat",    kREPEAT,       KEYWORD, 0, 0 },
{"set",       kSET,          KEYWORD, 0, 0 },
{"sqr",       SYS_FUNCT,     fSQR, TYPE_INTEGER, TYPE_INTEGER },
{"sqrt",      SYS_FUNCT,     fSQRT, TYPE_INTEGER, TYPE_INTEGER },
{"succ",      SYS_FUNCT,     fSUCC, TYPE_INTEGER, TYPE_INTEGER },
{"then",      kTHEN,         KEYWORD, 0, 0 },
{"to",        kTO,           KEYWORD, 0, 0 },
{"true",      SYS_CON,       cTRUE, 0, 0 },
{"type",      kTYPE,         KEYWORD, 0, 0 },
{"until",     kUNTIL,        KEYWORD, 0, 0 },
{"var",       kVAR,          KEYWORD, 0, 0 },
{"while",     kWHILE,        KEYWORD, 0, 0 },
{"with",      kWITH,         KEYWORD, 0, 0 },
{"write",     SYS_PROC,      pWRITE, 0, 0 },
{"writeln",   SYS_PROC,      pWRITELN, 0, 0 },
{"----",      LAST_ENTRY,    KEYWORD, 0, 0 },
};
```

2. 关键字的内部表示

```
struct {
        char *name;
```

```
        int key;
}key_to_name[]
```

其中,name 域保存关键字的名字,key 保存关键字的内部表示。在 SPL 中出现的关键字内部表示为:

```
key_to_name[] = {
        {"SYS_FUNCT", SYS_FUNCT},
        {"kAND",      kAND},
        {"kARRAY",    kARRAY},
        {"kBEGIN",    kBEGIN},
        {"SYS_TYPE",  SYS_TYPE},
        {"kCASE",     kCASE},
        {"SYS_TYPE",  SYS_TYPE},
        {"kCONST",    kCONST},
        {"kDIV",      kDIV},
        {"kDO",       kDO},
        {"kDOWNTO",   kDOWNTO},
        {"kELSE",     kELSE},
        {"kEND",      kEND},
        {"SYS_CON",   SYS_CON},
        {"kFOR",      kFOR},
        {"kFUNCTION", kFUNCTION},
        {"kGOTO",     kGOTO},
        {"kIF",       kIF},
        {"kIN",       kIN},
        {"kLABEL",    kLABEL},
        {"kMOD",      kMOD},
        {"kNOT",      kNOT},
        {"kOF",       kOF},
        {"kOR",       kOR},
        {"kPACKED",   kPACKED},
        {"kPROCEDURE", kPROCEDURE},
        {"kPROGRAM",  kPROGRAM},
        {"pREAD",     pREAD},
        {"kRECORD",   kRECORD},
        {"kREPEAT",   kREPEAT},
        {"kSET",      kSET},
        {"kTHEN",     kTHEN},
        {"kTO",       kTO},
        {"kTYPE",     kTYPE},
        {"kUNTIL",    kUNTIL},
        {"kVAR",      kVAR},
        {"kWHILE",    kWHILE},
```

```
            {"kWITH",       kWITH },
            {"SYS_PROC",    SYS_PROC },
            {"LAST_ENTRY",  LAST_ENTRY }
};
```

3.保存终结符属性的数据结构 yylval

该结构保存终结符和非终结符属性的联合，在 YACC 文法程序中，如下定义：

```
{
            char            p_char[NAME_LEN];
            int             num;
            int             ascii;
            Symbol          p_symbol;
            Type            p_type;
            KEYENTRY        *p_lex;
            Tree            p_tree;
}
```

其中，与终结符有关的域有：

```
%union{
        char        p_char[NAME_LEN];
        int         num;
        int         ascii;
    KEYENTRY        *p_lex;
        ...
}
```

其中，p_char 保存字符串类型的终结符属性；num 保存数值（整数）类型的终结符属性；ascii 保存字符类型的终结符属性；p_lex 保存系统函数和过程的信息。

4.全局变量 int line_no、int line_pos、char * line_buf

记录相应的当前文件的分析位置信息。

2.2 词法分析器的基本原理

自动生成器词法分析程序的工作原理为：正则表达式以形式化的方法描述了程序设计语言所使用的单词符号的词法规则，自动生成器以正则表达式为输入形式，构造一个能够识别这个正则表达式所描述的正则语言的确定有限自动机(DFA)，再构造该确定有限自动机的识别程序。在这个构造过程中，一般先把正则表达式的描述转换成为与其等价的非确定有限自动机(NFA)，再转化其成为等价的确定有限自动机，最后生成词法分析程序。就是这个确定有限自动机的实现，能够识别程序设计语言中的各种单词符号。由此可见，确定有限自动机 DFA 的构造和实现是自动生成词法分析程序的关键。

2.2.1 DFA的构造和实现

有限自动机DFA是描述程序设计语言单词构成的工具；而状态转换图是有限自动机比较直观的描述方法，根据有限自动机的状态转换图可以方便地手工构造词法分析程序。遵循程序设计语言的词法规则构造的状态转换图，可识别出源程序的单词。

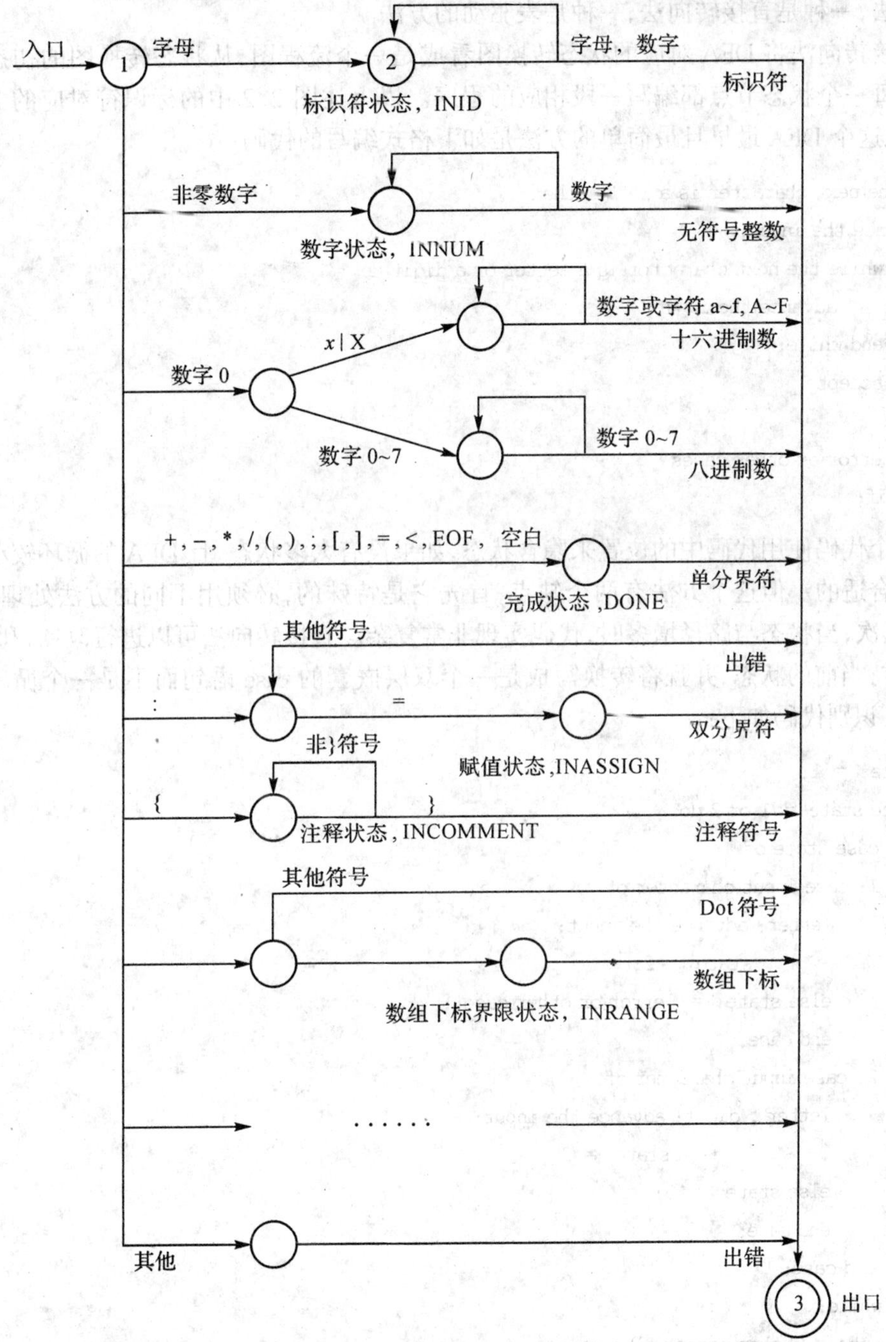

图2.2 SPL语言单词DFA

要利用词法分析器的自动生成工具，首先需要用正则表达式的形式对上述 SPL 语言的词法规则进行描述。从正则表达式到 DFA 的转换在本书中不做详细讨论。图 2.2 给出了能够识别 SPL 各类单词的 DFA。

根据语言的词法规则构造出识别其单词的确定有限自动机 DFA，仅仅是词法分析程序的一个形式模型，距离词法分析程序的真正实现还有一定距离。状态转换图的实现通常有两种方法，一种是直接转向法，一种是表驱动的方法。

直接转向法将 DFA 对应的状态转换图看成是一个流程图，从状态转换图的初态开始，对它的每一个状态节点都编写一段相应的程序。以上述图 2.2 中的标识符对应的 DFA 为例，模拟这个 DFA 最早且最简单的方法是如下格式编写的代码：

```
if the next character is a letter then
advance the input;
    while the next character is a letter or a digit do
        advance the input;
    end while;
    accept
else
    error or other cases
end if;
```

这个代码使用代码中的位置来隐含状态，如果没有太多状态，且 DFA 的循环较小，那么是比较合适的。但这个方法有两个缺点，首先它是特殊的，必须用不同的方法处理不同的 DFA，其次，当状态与路径增多时，代码实现非常复杂。直接转向法可以进行改良，利用一个变量保持当前的状态，并且将转换写成是一个双层嵌套的 case 语句而不是一个循环，对应的 DFA 识别代码如下：

```
state := 1;
while state = 1 or 2 do
    case state of
    1: case input character of
        letter: advance the input;
                state := 2;
        else state := {error or other case};
        end case;
    2: case input character of
        letter , digit: advance the input;
                        state: = 2
        else state := 3;
        end case;
    end case;
end while;
if state = 3 then accept else error.
```

与直接转向法不同，表驱动的方法则把状态转换图看成是一种数据结构(状态转换表)，由程序控制字符在其上运行，从而完成词法分析。例如，标识符的确定有限自动机可以表示为如表 2.1 所示的转换表 T[state,ch]。

表 2.1　标识符状态转换表

状态＼输入	字母	数字	其他	接受状态
1	2			false
2	2	2	[3]	false
3				true

现在给定了恰当的数据结构和表项，可以在一个实现任何 DFA 的格式中编写识别代码。该方法称为表驱动方法，表驱动的 DFA 识别程序如下：

```
state := 1;
ch := next input character;
while not accept[state] and not error(state) do
    newstate := T[state,ch];
    if advance[state,ch] then ch := next input char;
    state := newstate;
endwhile
if accept[state] then accept;
```

利用表驱动的方法可以缩短代码长度，相同代码可以解决诸多不同问题，代码维护容易，但缺点是表格空间巨大，通常需要进一步考虑表压缩的方法。而直接转向法则刚好相反，其代码针对不同的状态转换图各不相同，执行效率高，存储空间小，但一点点词法规则的改变就需要改变相应的代码，代码的维护不容易，代码的可通用性也很差。

2.2.2　词法分析的预处理

预处理过程可以采用专门的预处理器完成相应的工作，也可以在词法分析器中完成。本文介绍的 SPL 编译器并没有先对源程序进行相应的预处理，而是将其包含在词法分析过程之中。

有些编译器在进行真正的编译过程之前会先进行预处理，词法分析器的预处理程序一般具有以下功能。

1. 宏处理

预处理程序允许用户在源程序中定义宏。宏是被经常使用的较长结构的缩写。宏处理程序处理两种类型的语句：宏定义和宏引用。宏定义由具有唯一性的字符或关键字来标识，如 define 或 macro。宏定义包含被定义的宏的名字和构成其定义的体。通常，宏处理程序允许宏定义中包含形式参数，即将被替代的符号。宏引用只需要提供宏名和实在参数。实在参数是形式参数的值，宏处理程序用实在参数替代宏体中的形式参数。

2. 文件包含

预处理程序可以把头文件包含到程序正文中。例如，C 语言的预处理程序能够用＜global.h＞文件的内容替代源程序中的语句＃include＜global.h＞。

3.语言扩充

这类处理程序通过大量的内部宏定义来增强语言的能力。例如,Equel 语言是一种嵌套在C语言中的数据库查询语言,以##开始的语句被处理程序识别为数据库存取语句(与C语言无关),并被翻译成对例程的过程调用,这些例程完成数据库的存取。

4.注释信息的过滤

2.2.3 实现词法分析器的注意要点

词法分析的实现原理比较简单,但在实际处理过程中可能会遇到各种各样的问题,主要包括以下几个方面。

1.关键字和标识符名字的区分

由于关键字的词法规则符合标识符的词法规则,故在处理时要加以区分。词法分析器在扫描过程中只要遇到符合标识符词法规则的单词,如果没有出错,则统一标识为ID,当扫描完一个单词时,调用函数 id-or-keyword(),查询关键字表,确定是否是关键字,如果是,则将 LEX 部分标记为该单词在保留字表中对应的项。

2.复合单词的处理

在程序设计语言中,有一类单词是由两个或两个以上的符号组成,这类单词的前部分也可以是一个独立的单词,如“>=”等,在处理到“>”时,还不能断定这个单词是“>”还是“>=”的一部分,这取决于“>”的下一个字符是“=”还是其他符号,如果是“=”,则为“>=”,否则该单词为“>”,在处理这些单词的时候要加以注意,即所谓的最长原则。

LEX 输出总是首先将可能的最长子串与规则相匹配,如果某个子串可以与两个或更多个的规则匹配,则 LEX 的输出将找出列在识别规则部分中的第一个规则,如果没有规则可以与任何非空子串相匹配,则缺省行为将下一个字符复制到输出中并继续下去。

3.向前搜索及回退

在词法分析过程中,为了准确判断一个单词的最右端符号,经常需要向前多读一个有时甚至是两个字符。超前读的字符如果不匹配的话,还需要回退。

4.数字的转换

词法分析程序在识别数字的同时,要把相应的字符串标记为 num 的同时,还要将其对应的数学数值记住,即把“100”转换为对应的100,在 SPL 词法分析中,数的转换是在语法分析中对表达式进行处理时完成的。

5.输入时边界的处理

为了提高扫描效率,词法分析器大多会采用缓冲输入方法,但不管输入缓冲区有多大,都不能保证单词符号不会被它的边界所打断,所以必须防止超前读字符进行分析时将当前单词符号中未处理的字符冲掉。

6.C代码的插入

任何写在定义部分%{和%}之间的文本将被直接复制到外置于任意过程的输出程序之中。辅助过程中的任何文本都将被直接复制到 LEX 代码末尾的输出程序中。将任何跟在识别规则部分的正则表达式之后的代码插入到识别过程 yylex 的恰当位置,并在与对应的正则表达式匹配时执行它。代表一个行为的 C 代码可以既是一个 C 语句,也是一个由任何说明及由位于花括号中的语句组成的复杂的 C 语句。

7. LEX 的内部名字

表 2.2 列出了 LEX 内部名字。

表 2.2　LEX 内部名字表

LEX 内部名字	含义/使用
lex. yy. c	LEX 输出文件名
yylex	LEX 扫描例程
yyin	LEX 输入文件(缺省:stdin)
yyout	LEX 输出文件(缺省:stdout)
yytext	当前行为匹配的串
input	LEX 缓冲的输入例程
ECHO	LEX 缺省行为(将 yytext 打印到 yyout)

2.3　词法分析器的实现

一个词法分析器的实现,通常要经历以下若干步骤:确定所实现的高级程序设计语言或其子集;设计属性字;设计各类表格(如标识符表、常量表、字符表、符号及其内部表示等);画出总控流程图以及取符号、取字符与查找符号表等子程序的控制流程图;最终编程以及调试。

应用 LEX 构造词法分析程序可以用两种方法,一种是将 LEX 作为一个单独的工具,用以生成所需要的识别程序,另一种则是将 LEX 和语法分析器自动生成工具(如 YACC)结合使用,以生成一个编译程序的词法和语法分析器。本章介绍的 SPL 词法分析器采用的是后一种办法。

2.3.1　SPL 语言单词属性字

SPL 语言定义了共 53 个关键字,其中包含整型、布尔型、字符型、实型等四种数据类型。整型可以定义为十进制、八进制和十六进制形式,实型类型为预留接口待扩展练习;22 个特殊字符和操作符;True, False, Maxint 三个系统常量,分别代表真、假和最大整数数值以及 12 个系统函数(对 read 和 readln 做了特殊处理)。

1. 关键字

由编译程序预定义且不可重新定义、除了出现在注释中以外在程序中承担固定作用的字符序列。SPL 语言的关键字存放在 Keytable 数组中。

2. 标识符

由程序员定义的表示常量、类型、变量、过程和函数名字的字符序列。标识符由一个字母后面跟着数字和字母的任意组合,由于作用域规则的存在,标识符可以有条件地重新定义。

在编译程序中预定义了一些标准标识符,如果用户程序对这些标识符不加以明确的定义,那么它们将具有默认的性质。标准标识符有:

标准常量:False True Maxint

标准类型:integer boolean read char text

标准文件:input output

标准函数:abs arctan chr cos eof eoln exp ln odd ord pred round sin sqr sqrt succ trunc

标准过程:get new pack page put read readln reset rewrite unpack write writeln

3. 标点符号

用于表示数字、逻辑操作,定义数据结构,访问控制和分隔标识符。标点符号有:+,-,*,/,<,<=,=,<>,>=,>,:=,,,;,:,′,..,...,^,{,},[,],(,)。

4. 数字、字符、字符串常量

整数可用十进制、八进制、十六进制表达。如:-56,0x7f,036。

实数可用科学计数法或小数表示法。如:1.23,-1.45E+2。

字符是括在两个单引号中的一个字符。如:′a′,′+′。

字符串常量是两个单引号中的两个以上的字符序列。如:′string′,′it is a test′。

5. 注释

括在大括号中的字符串,用于说明程序的意义。编译时,要忽略它们。如:{it is a comment}。

应该明确:除了注释、字符、字符串中出现以外,关键字和标识符没有大小的区别。

2.3.2 SPL 词法分析器的输入和输出

词法分析程序从源程序中依次读入字符进行分析和处理。若将源程序一次输入到内存的一个源程序区,则可以大大节省源程序的输入时间,从而提高编译程序的效率。SPL 编译器采用输入缓冲方案,在内存中开辟一段大小适中的缓冲区 line_buf[],将源程序从磁盘上分批读入缓冲区,词法分析程序从这个缓冲区中依次读取字符进行处理,当缓冲区的字符全部读完后,再从外存上读入一批,如此重复,直至源程序字符全部读入为止。

词法分析程序读入字符串形式的源程序,识别出具有独立意义的最小语法单位——单词,并将对应的单词序列输出。SPL 编译器的词法分析器对于每类单词的分析结果输出为三元组(单词种类、单词对应的值、行号)。

2.3.3 SPL 词法分析器的分析识别

1. 终结符的命名规则

为了使程序便于理解,所有终结符按一定的规则命名:关键字为 k 加大写字母串,如 kBEGIN、kPROGRAM;标点符号为 o 加大写字母串,如 oCOMMA、oPLUS;系统函数标识为 f 加大写字母串,如 fABS, fSQRT;系统过程标识为 p 加大写字母串,如 pWRITE, pREADLN;常数标识为 c 加类型标识,如 cINTEGER, cBOOLEAN;其他的普通标识符一律为 yNAME。

2. 对标识符大小写的处理

在处理标识符的辅助函数 id-or-keyword 中加入一些代码，使大小写混合的标识符转换成小写字母的序列，从而消除了字母大小写的影响。

```
For (p = lex; *p; p++)
    *p = tolower(*p)
```

3. 对注释的处理

在 SPL 源程序语言中，符号“{”用作注释的开始符号，注释以“}”的第一次出现作为结束，词法分析器要将注释中的内容略过不输出，其程序段如下所示：

```
            while ((c = input())) /* 继续取注释中的字符 */
            {
                if (c == '}') /* 如果是注释结尾符号 */
                {
                    break; /* 则结束操作 */
                }
                else if (c == '\n') /* 如果是换行符号 */
                {
                    line_no ++; /* 则增加行号 */
                }
            }

            if (c == EOF) /* 注释没结束，但遇到文件结尾 */
              parse_error("Unexpected EOF.",""); /* 则报告错误 */
        }

```

4. 常数的处理

词法分析器要识别十进制、八进制和十六进制无符号整数，并转化成数值形式，其识别规则如下：

```
[1-9]+{dec}*         {yylval.num = stoi(yytext,10);return cINTEGER;}
0{oct}*              {yylval.num = stoi(yytext,8);return cINTEGER;}
0{x|X}{hex}+         {yylval.num = stoi(yytext,16);return cINTEGER;}
```

注：正规式中的宏定义为：

```
dec = [0-9]     oct = [0-7]     hex = [0-9a-fA-F]
```

函数 int stoi(char * string, int radix)是把保存在 string 中的数字序列转化成八进制，十进制或十六进制的整数(radix 分别等于 8,10,16 时)。函数定义如下：

```
int stoi(char *s,int radix) /* 字符串转化成整数 */
{
    char *p = s;
    int val = 0;
```

```
    if (radix == 8) /* 转换八进制数,如 034 */
    {
        p++; /* 跳过前导的'0' */
        while(*p)
        {
            val = val * radix + (*p - '0'); /* 计算数值 */
            p++;
        }
    }
    else if (radix == 16 ) /* 换十六进制数,如 0x2f */
    {
        p++;
        p++;/* 跳过前导的'0x' */

        while(*p)
        {
            if (isdigit(*p))
            {
                val = val * radix + (*p - '0'); /* 转换'0'-'9'的字符 */
            }
            else
            {
                val = val * radix + (tolower(*p) - 'a'); /* 转换'a'-'f'的字符 */
            }
            p++;
        }
    }
    else
    {
        while(*p) /* 转换十进制数 */
        {
            val = val * radix + (*p - '0'); /* 计算数值 */
            p++;
        }
    }
    return val;
}
```

对标点符号的识别则直接返回其相应的单词。

5.标识符的处理

对于标识符,首先将其复制到 yylval 中,然后调用函数 id-or-keyword 查找其属性值并返回。

```
static int id_or_keyword(char * lex)
{
        int left = 0, right = Keytable_size;
        int mid = (left + right) / 2; /* 采用二分查找法 */
        char * p;

        if (! Keytable_size)
        {
            internal_error("Key table size not known. \n");
            exit(0);
        }

        for (p = lex; * p; p++)
            * p = tolower( * p); /* 将所有字符转化成小写字符 */

        while (mid != left && mid != right)
        {
          if (! strcmp(Keytable[mid].name, lex)) /* 利用二分法比较对应的关键字 */
            {
                if (dump_token)
                {
                  printf("token: %s ", get_name_by_key(Keytable[mid].key));
                  }

                  if (Keytable[mid].key == SYS_FUNCT
                        || Keytable[mid].key == SYS_PROC)
                  {
                      yylval.p_lex = &Keytable[mid];

                      if (dump_token)
                      {
                        printf(",yylval.p_lex = &Keytable[%d]", mid);
                        }
                  }
                  else if (Keytable[mid].key == SYS_CON)
                  {
                      yylval.num = Keytable[mid].attr;
                      if (dump_token)
                      {
                       printf(",yylval.p_num = Keytable[%d].attr = %d",
                                  mid, Keytable[mid].attr);
                        }
                  }
```

```
                else if (Keytable[mid].key == SYS_TYPE)
                {
                        strncpy(yylval.p_char, yytext, NAME_LEN);
                        if (dump_token)
                        {
                        printf(",yylval.p_char = %s", yylval.p_char);
                    }
                }

                if (dump_token)
                        printf(".\n");

                return Keytable[mid].key;
            }
            else if (strcmp(Keytable[mid].name, lex) < 0)
                left = mid;
            else if (strcmp(Keytable[mid].name, lex) > 0)
                right = mid;

            mid = (left + right) / 2;
        }

        if (dump_token)
        {
            printf("token: yNAME, yylval.p_char = %s.\n", yylval.p_char);
        }
        return yNAME;
}
```

在对标识符的处理中，主要采用二分法来提高查找效率，这就要求关键字表项应该有序。即在赋初值时注意表项的排列顺序，另外在词法分析器中略去了查找符号表的动作，这主要是基于以下几点的考虑：

(1) 提高词法分析器和语法分析器代码的相对独立性。

(2) 保证词法分析器和语法分析器动作的同步性。

(3) 在语法分析阶段对一个标识符能获得比词法分析阶段更多的信息，可以有针对性地查找不同性质的符号表，有利于提高查找的效率。

(4) 符号表的组织方式和访问方式可能会有变动，要尽可能减小由于变动造成的对其他模块尤其是词法分析模块的影响。

(5) 由于作用域规则的存在，同一个名字可以在不同的地方出现，对这种情况在语法分析阶段比词法分析阶段更能确定哪一个是要找的名字。

第3章 语法分析

语法分析依据程序设计语言的语法,对源程序进行语法结构合法性的分析,建立与之对应的语法树并且输出。一般会使用上下文无关文法来描述程序设计语言的语法,而上下文无关文法用巴科斯范式,即 BNF 描述。用这种表示法作为语言的语法描述有明显的优点:对程序可给出精确易懂的语法描述;从描述语言的文法可以自动构造出可用的分析程序;在语言的语法描述中,可以方便地插入相关的语义描述,进行语法制导的语义翻译。

语法分析的任务有两个:一是判断源程序每个句子是否符合语言的语法;二是构建与源程序对应的语法树,以供后续编译过程使用。本章将从语法角度描述对程序设计语言的源程序做的一系列处理。由语言的定义可以知道,一个程序设计语言对应着一套描述该语言的语法。本章将讲述用于程序语言描述的语法设计、表述方法,给出 SPL 的语法描述;介绍语法分析过程、关键数据结构,并给出 SPL 语法分析实现的详细剖析。

3.1 语法分析的基本框架

3.1.1 上下文无关文法

语言是句子的集合,通过形式文法不仅可以描述句子中的词的先后顺序,而且可以刻画句子的组成结构。我们通常采用上下文无关文法来描述语言的语法。

上下文无关文法 G 是一个四元组 $G=(N,T,P,S)$,其中,N 是非终结符的有限集合;T 是终结符或单词的有限集合,它与 N 不相交;P 是形如 $A\rightarrow\alpha$ 的产生式的有限集合,其中 $A\in N,\alpha\in V^*,V=T\cup N$;$S$ 是 N 中的一个符号,称为开始符号。V 中的符号称为文法符号,包括终结符和非终结符。

产生式 $A\rightarrow\alpha$ 中,A 是左部,α 是右部。A 是非终结符。α 是非终结符与终结符组成的任意串,可以为空。$A\rightarrow\varepsilon$ 称为空产生式。在产生式右部的非终结符,一定要在某个产生式的左部至少出现一次。开始符号 S 是文法 G 的特殊非终结符,可以通过明显地指出来说明哪个非终结符是开始符号,或者隐含第一个产生式的左部是开始符号。

采用文法来定义语言有两种方法:一种是建立分析树的方法;一种是利用产生式进行推导的方法。实际上,推导过程能够精确描述分析树从上而下的建立过程。每棵分析树都有一个与之对应的唯一的最左推导和唯一的最右推导,因此可以用建立分析树的方法来替代推导方法定义语言。然而,每一个句子不一定只有一个分析树,或者说不一定只有一个最左推导或最右推导。

给定一个文法 G,如果 L(G)中存在一个具有两棵或两棵以上分析树的句子,则称 G 是二义性的。二义性文法也可以做如下定义:如果 L(G)中存在一个具有两个或两个以上最左(或最右) 推导的句子,则 G 是二义性文法。很多语法分析器要求所处理的文法是无二义的,否则对具有二义性的句子无法确定应该选择哪棵分析树进行语法分析。有两个解决二义性的基本方法:一是设置一个消除二义性规则(disambiguating rule),该规则可在每个二义性情况下指出哪一个分析树(或语法树)是正确的;二是将文法改变成一个强制正确分析树的构造的格式,这样就可以解决二义性了。不管在哪一种方法中,都必须确定在二义性情况下哪一个树是正确的。分析树应能够正确地反映将来应用到构造的意义,以便将其翻译成目标代码。

采用上下文无关文法设计语言,可以描述程序设计语言的大部分语法现象,但不是全部。对输入进行语法分析的过程基本上是为其建立分析树或建立最左(最右)推导的过程。一般而言,每种分析方法只能处理某种形式的文法。为了适应所选择的分析方法,常常需要改写初始文法,如适合于表达式的文法常常用结合律和优先级的信息来构造。

3.1.2 语法分析过程

语法分析开始于词法分析阶段以后,词法分析输出的 token 序列将作为语法分析阶段的输入,其输出为语法树。该语法树与源程序中各个语句的语法结构一一对应,并且作为后续的语义分析等阶段的重要数据结构,对完成源程序整个编译过程起着重要作用。语法分析在整个程序编译过程中的相对位置和作用如图 3.1 所示。

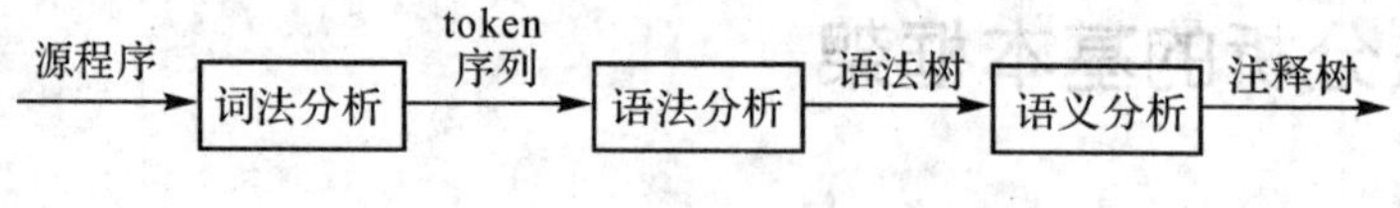

图 3.1 语法分析过程

语法分析输入的 token 序列中包含诸如变量、数字、操作符等,对应于产生式中的终结符。在 token 序列中,各个 token 按照上下文无关文法的规则连接在一起,语法分析的任务就是将 token 序列中是否采用正确语法规则分析出来,并且以树型的数据结构表示出来,最终,整个源程序将被转化成一棵以程序节点为根,非终结符为中间节点,终结符为叶子节点的语法树。

3.1.3 语法分析过程中的数据结构

从上述的语法分析过程分析可以知道,在语法分析过程中存储输入的 token 序列需要字符串数组数据结构,如 rule.c 中的函数 yylex()就是实现 token 序列生成和返回 token 的操作:

```
YYDPRINTF ((stderr, "Reading a token: "));
yychar = YYLEX;
```

分析过程的中间状态需要栈数据结构,如 rule.c 中存储分析过程的中间状态的栈为:

```
/* The state stack. */
yytype_int16 yyssa[YYINITDEPTH];
```

```
yytype_int16 *yyss = yyssa;
yytype_int16 *yyssp;
```

文法规则则需要存储在表数据结构中，从下面代码可以看出 yytable 是语法分析器使用的 LALR(1)语法分析表；

```
yyn = yytable[yyn];
if (yyn <= 0)
{
  if (yyn == 0 || yyn == YYTABLE_NINF)
    goto yyerrlab;
  yyn = -yyn;
  goto yyreduce;
}
```

yytable 中的内容如下，表中的项即为分析表中的语法动作项，SPL 的 LALR(1)语法分析表内容如下所示。分析表中的数字表示状态，这个状态标号是同 rule.c 文件中的一系列 case 语句相对应。当状态值为正的时候，移进 token；当状态值为负的时候，采用正数所对应的规则进行规约；如果是 0 则依照 YYDEFACT 表中定义的情况来动作；如果为 YYTABLE_NINF 即 -169 则是语法错误。

```
#define YYTABLE_NINF -169
static const yytype_int16 yytable[] =
{
    38, 140, 128, 117, 151, 146, 121, 148, 89, 158,
    156, 152, 53, 19, 77, 84, 17, 54, -150, 209,
...
    305, 133, 316, 317, 10, 41, 159, 92, 95, 96,
    167, 147, 149, 288, 169, 308, 297
};
```

如表中 -150，语法动作为规约，执行的代码如下：

```
    case 150:
#line 1828 "spl.y"
    {
#ifdef GENERATE_AST
#else
        emit_push_op((yyvsp[(1) - (1)].p_tree)->type->type_id);
#endif
;}
    break;
```

语法树需要树数据结构来存储，如 tree.h 中定义的 _tree 结构体。下面介绍其中最关键的树节点的数据结构。

语法分析的输入为词法分析的输出 token 序列，输出为抽象语法树。无论采用自顶向下或是自底向上的分析方法,抽象语法树的结构是语法分析的重要基本数据结构。抽象语法树中的一般树节点结构如图 3.2 所示。其中 op 记录节点或者树的操作,参见源程序 ops.h 文件中的节点和树操作的枚举结构的定义,result_type 记录节点的类型,kids[2]记录该节点或树的两个孩子节点或树,u 为当前树节点的值部分。在源程序 tree.h 中的定义为:

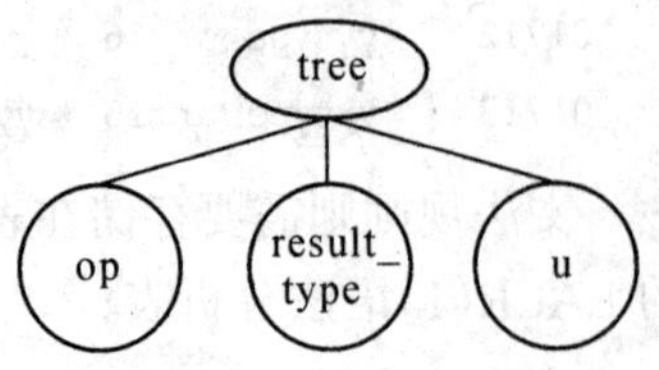

图 3.2　树节点结构

```
struct tree;
typedef struct tree
{
    int op;
    Type result_type;
 ...
    union {

        /* for general nodes. */
        struct
        {
            Value val;
            Symbol sym;
            Symtab symtab;
        }
        generic;
 ...
    } u;
}
tree;

typedef tree * Tree;
```

由一般树节点构成的抽象语法树的结构也是语法分析阶段的基本数据结构,SPL 语言设计的程序的抽象语法树结构如图 3.3 所示。

除了生成语法树等一些中间结果以外,不同的语法分析方法的实现程序中需要使用不同的基本数据结构。在自顶向下的分析方法中的主要数据结构有 LL 语法分析表等;在自底向上的分析方法中的主要数据结构是 LR 语法分析表、语法分析栈等。

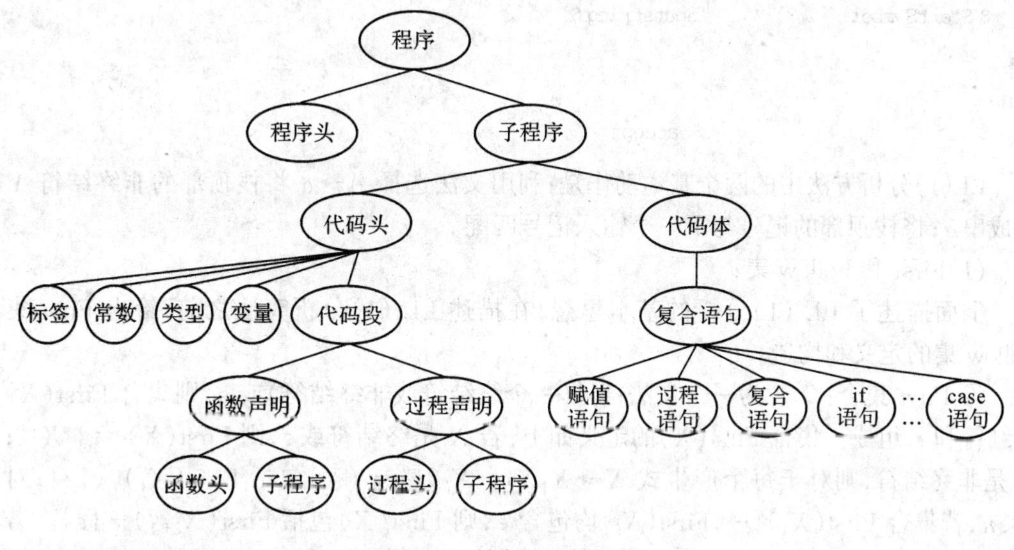

图 3.3 抽象语法树结构

3.2 语法分析的基本方法

3.2.1 自顶向下的分析方法

自顶向下的语法分析从文法的开始符号出发,向下推导推出句子。自顶向下的分析方法主要有两类:递归预测分析方法和非递归预测分析方法。递归预测分析方法效率比较低,不太在实际的编译器中采用。非递归预测分析方法中的一种有效方法是 LL(1)分析,使用显式栈而不是递归调用来完成分析过程。

1. 递归下降预测分析法

递归下降预测分析的核心思想是:将一个非终结符 A 的文法规则看作用于识别 A 的一个过程的定义;再利用对这些过程的递归调用组成整个分析程序。每个过程的代码结构由 A 的文法规则的右边决定:一个选中的终结符和非终结符序列与相匹配的输入以及对其他过程的调用相对应,而选择与代码中的替代情况(case 语句和 if 语句)相对应。可以通过扩充巴科斯范式(Backus - Naur form,BNF 文法),加入一些语言符号来解决分析程序中的无限递归循环问题。递归下降预测分析虽然非常有效,但存在诸如将 BNF 编写的文法进行转变可能会存在困难,在文法规则的不同选项具有相同的起始非终结符时无法判断选用哪一个选项等问题。

2. 非递归下降预测分析法

非递归下降预测分析方法中的 LL(1)分析法使用显式栈而不是递归调用来完成分析过程。LL(1)分析开始时,分析程序将开始符号放入栈中。通过将栈顶部的非终结符替换成文法规则中该非终结符的一个选择来作出分析。一旦在分析栈顶部的符号匹配了输入记号,则将这个符号在栈和输入中舍掉,成功的自顶向下的分析的一般示意为:

```
$ StartSymbol          Inputstring $
...                    ...
...                    ...
$                      $ accept
```

LL(1)分析方法中的两个基本动作是:利用文法选择 $A\rightarrow\alpha$ 将栈顶部的非终结符 A 替换成串 α;将栈顶部的记号与下一个输入记号匹配。

(1)First 和 Follow 集:

上面描述了 LL (1)分析的基本思想,在描述 LL (1)分析算法之前,给出 First 集和 Follow 集的定义和构造。

① First 集合:令 X 为一个文法符号(一个终结符或非终结符)或 ε,则集合 First(X)由终结符和 ε 组成。集合 First(X)的定义如下:若 X 是终结符或ε,则 First(X) $=\{X\}$;若 X 是非终结符,则对于每个产生式 $X\rightarrow X_1X_2\cdots X_n$, First ($X$)包括 First($X_1$) $-\{\varepsilon\}$;对于 $i<n$,若集合 First(X_1),…,First(X_i)均包含 ε,则 First(X)包括 First(X_{i+1}) $-\{\varepsilon\}$。若集合 First(X_1),…,First(X_n)均包含 ε,则 First(X)包含 ε。

终结符的 First 集合是很简单的,仅包含终结符本身。对于产生式 $A\rightarrow\alpha$ 来说,非终结符 A 的 First 集合需要从 n 个单个符号的 First 集合建立(其中 n 是在 α 中的符号数)。这里我们给出计算的伪代码:

```
for all nonterminals A do First(A)→ = {};
while there are changes to and First(A) do
    for each production choice A→X1X2…Xn do
        k: = 1;Continue: = true;
        while Continue = ture and k< = n do
            add First(Xk) - {ε} to First(A);
            if ε is not in First(Xk) then Continue: = false;
            k: = k + 1;
        if Continue = true then add ε to First(A);
```

② Follow 集合:给出一个非终结符 A,那么集合 Follow(A)由终结符和 \$ 组成。集合 Follow(A)的定义如下:若 A 是开始符号,则 \$ 就在 Follow(A)中;若存在产生式 $B\rightarrow\alpha A\gamma$,则 First($\gamma$) $-$ $\{\varepsilon\}$在 Follow(A)中;若存在产生式 $B\rightarrow\alpha A\gamma$,且 ε 在 First($\gamma$)中,则 Follow($A$)包括 Follow($B$)。

用作标记输入结束的“ \$ ”总是被包含在开始符号的 Follow 集合中,空的“伪记号”ε 永远不会出现在 Follow 集合中。由 Follow 集合的定义得出的求 Follow 集合的算法如下:

```
Follow(start-symbol): = {$};
for all nonterminals A≠start-symobl do Follow(A): = {};
while there are changes to any Follow sets do
    for each production A→X1X2…Xn do
        for each Xi that is a nonterminal do
            add First(Xi+1Xi+2…Xn) - {ε} to Follow(Xi)
            if ε is in First(Xi+1Xi+2…Xn) then
```

```
add Follow(A) to Follow(Xi)
```

(2)预测分析表构造:

LL(1)分析表本质上是一个由非终结符和终结符为索引的二维数组,由这两个索引确定了要使用的产生式选择。这个表被表示为 $M[N, T]$,N 是文法的非终结符的集合,T 是终结符或记号的集合(为了简便,T 中不包含 \$)。假设表 $M[N, T]$在开始时,它的所有项目均为空。任何在构造之后继续为空的项目都代表了在分析中可能发生的潜在错误。

给分析表添加产生式的规则如下:

·如果 $A\rightarrow\alpha$ 是一个产生式选择,且有推导 $\alpha\Rightarrow * a\beta$ 成立,其中 a 是一个终结符,则将 $A\rightarrow\alpha$ 添加到表项目$M[A,a]$中。

·如果 $A\rightarrow\alpha$ 是一个产生式选择,且有推导 $\alpha\Rightarrow * \varepsilon$ 和$S\ \$\Rightarrow * \beta Ab\gamma$ 成立,其中 S 是开始符号,b 是一个终结符或 \$,则将 $A\rightarrow\alpha$ 添加到表项目$M[A,b]$中。

为每个非终结符 A 和产生式$A\rightarrow\alpha$ 重复以下两个步骤:对于 First(α)中的每个记号 a,都将 $A\rightarrow\alpha$ 添加到项目$M[A,a]$中;若 ε 在 First(α)中,则对于 Follow (A) 的每个元素 b(记号或是 \$),都将 $A\rightarrow\alpha$ 添加到$M[A,b]$中。

LL(1)文法的定义:如果文法 G 相关的 LL(1)分析表的每个项目中至多只有一个产生式,则该文法就是 LL(1)文法(LL(1) grammar)。由于定义暗示着利用 LL(1)文法表就能构造出一个无二义性的分析,所以 LL(1)文法不能是二义性的。

将文法改写为 LL(1)文法的技术分别是左递归消除和提取左因子。必须指出的是:这两个技术无法保证一定可将一个文法变成 LL(1)文法。然而,在绝大多数情况下,它们都十分有用,并且具有可自动操作其应用程序的优点。

(3)消除左递归:

自顶向下语法分析法和 LL 语法分析方法等不能处理左递归文法。消除左递归的情况分三种,分别是简单直接左递归、普遍直接左递归和间接左递归。

① 简单直接左递归:在这种情况下,左递归只出现在如下文法规则中。

$A\rightarrow A\alpha\mid\beta$

其中,α 和β 是终结符和非终结符的串,而且 β 不以 A 开头。为了消除左递归,将这个文法规则重写为两个规则:

$A\rightarrow\beta A'$

$A'\rightarrow\alpha A'\mid\varepsilon$

② 普遍直接左递归:这种情况发生在有如下格式的产生式中。

$A\rightarrow A\alpha_1\mid A\alpha_2\mid\cdots\mid A\alpha_n\mid\beta_1\mid\beta_2\mid\cdots\mid\beta_m$

其中,$\beta_1,\cdots,\beta_m$ 均不以 A 开头。在这种情况下,其解法与简单情况类似,只需将选择相应地扩展:

$A\rightarrow\beta_1A'\mid\beta_2A'\mid\cdots\mid\beta_mA'$

$A'\rightarrow\alpha_1A'\mid\alpha_2A'\mid\cdots\mid\alpha_nA'\mid\varepsilon$

③ 间接左递归:一般来说,循环推导和 ε 产生式都可以系统地从文法中消除掉。该算法的方法是:为语言的所有非终结符选择任意顺序,如 $A_1,\cdots,A_m$,接着消除所有 $A_i\rightarrow A_j\gamma$,其中 $j\leqslant i$ 形式的文法规则的左递归。如果按这样操作从 1 到 m 的每一个i,则由于这样的循环的每个步骤只增加索引,且不能再次到达原始索引,因此就不会留下任何递归循环了,

如下是这个算法的具体步骤。

以某种顺序排列非终结符 $A_1, A_2, \cdots, A_n$;

```
for i: = 1 to n do begin
        for j: = 1 to i - 1 do begin
                用产生式 Ai→δ1γ|δ2γ|…|δkγ 代替每个形如 Ai→Ajγ 的产生式,其中,Aj→δ1|δ2|…|δk 是
                所有的当前 Aj 产生式;
        end
        消除 Ai 产生式中的直接左递归
end
```

(4)提取左因子:

当两个或更多文法规则选择共享一个通用前缀串时,需要提取左因子。如:

$A \rightarrow \alpha\beta \mid \alpha\gamma$

改写该产生式,将左边的 α 分解出来,把用哪个产生式展开的决定推迟到可以看到足够的输入信息,并将该规则重写为两个规则:

$A \rightarrow \alpha A'$

$A' \rightarrow \beta \mid \gamma$

下面是提取左因子的更普遍的算法。

设有如下的一组产生式:

$A \rightarrow \alpha\beta_1 \mid \alpha\beta_2 \mid \cdots \mid \alpha\beta_n$

将该规则重写后为:

$A \rightarrow \alpha A'$

$A' \rightarrow \beta_1 \mid \beta_2 \mid \cdots \mid \beta_n$

3.2.2 自底向上的分析方法

自底向上分析法是从输入串开始,逐步进行"归约",直至归约到文法的开始符号;或者说,从语法树的末端开始,步步向上"归约",直到根节点。一般而言,自底向上的分析算法的功能比自顶向下的方法强大(例如,左递归在自底向上分析中就不是问题),但是这些算法所涉及的构造却更为复杂。

自底向上的分析程序使用了显式栈来完成分析,也称作移进—归约分析程序。移进动作是由书写单词 shift 表示,归约动作则由书写 reduce 单词表示且指出在归约中所用的 BNF 产生式选择。自底向上的分析开始时栈是空的,成功分析后堆栈栈顶是文法的开始符号,成功的自底向上的分析的一般示意为:

```
$                          InputString $
...                        ...
...                        ...
$ StartSymbol              $ accept
```

自底向上的分析程序有两种可能的动作(除"接受"之外):将终结符从输入的开头移进到栈的顶部;假设选择了 BNF 产生式 $A \rightarrow \alpha$,则将栈顶部的串 α 归约为非终结符 A。

1.LR 语法分析器

LR(k)分析法适用一大类上下文无关文法的自底向上语法分析技术,L 指的是从左向右扫描输入字符串;R 指的是构造最右推导的过程;k 指的是在决定语法分析动作时需要向前看的符号个数,k 省略时,假设 k 是 1。LR 分析法及其分析器具有以下特点:

· LR 分析法是已知的最一般的无回溯移动归约语法分析法,而且可以和其他移动归约分析法一样被有效地实现。

· LR 分析法分析的文法类是预测分析法能分析的文法类的真超集。

· LR 语法分析器能识别几乎所有能用上下文无关文法描述的程序设计语言的结构。

· 在自左向右扫描输入符号串时,LR 语法分析器能及时发现语法错误。

这种分析方法的主要缺点是,对典型的程序设计语言文法,手工构造 LR 语法分析器的工作量太大,因而需要专门的工具,即 LR 语法分析器的生成器。有了这种生成器,只要写出上下文无关文法,就可以用它自动生成该文法的语法分析器。

当文法出现二义性或有其他难以自左向右分析的结构时,这种生成器能够识别这些结构时,并向编译器设计者报告。

LR 分析器模型如图 3.4 所示。

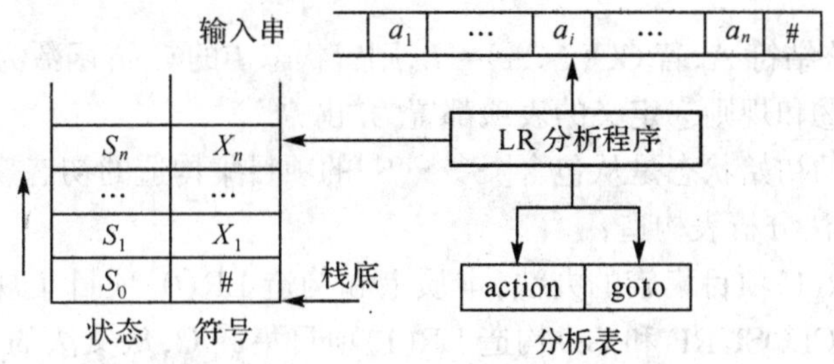

图 3.4　LR 分析器模型

LR 分析器的核心部分是一张包含动作(Action)和状态转换(Goto)的两位数组分析表。表中的 Action[S,a]规定了当状态 S 面临输入符号 a 时应采取什么动作;Goto[S, X]规定了面对文法符号 X(终结符或非终结符)时下一状态是什么。每一项 Action[S,a]所规定的动作不外乎下述四种可能:

移进:把下一状态和输入符号推进栈。

归约:用某一产生式 $A \to \beta$ 进行归约。

接受:宣布分析成功,停止分析器的工作。

报错:发现源程序含有错误,调用错误处理程序。

LR 分析器的总控程序的任何一步只需按栈顶状态 S 和现行输入符号 a 执行 ACTION[S,a]所规定的动作,对于不同的分析表,总控程序都是一样地工作。一个 LR 分析器的工作过程可看成是栈里的状态序列、已归约串和输入串所构成的三元式的变化过程。

构造 LR 分析表有三种方法:第一种方法称为 SLR 方法,它最容易实现,但功能也最弱;第二种方法称为规范的 LR 方法,它的功能最强,代价也最高;第三种方法叫 LALR 方法,其功能和代价介于前两者之间,LALR 方法可用于大多数程序设计语言的文法,并可以高效地实现。

(1)SLR 语法分析表构造:

SLR 方法是一种简单的利用向前看符号来解决 LR(0)项目集中冲突的分析方法，使用文法 G 的 SLR(1)表的 LR 语法分析器就叫做文法 G 的 SLR(1)语法分析器，存在 SLR(1)语法分析表的文法叫做 SLR(1)文法。下面给出由 Action 和 Goto 函数组成的 SLR 语法分析表的构造方法：

①把 G 拓广到 G'，构造拓广文法 G' 的规范 $LR(0)$ 项目集族 C，$C=\{I_0, I_1, \cdots, I_n\}$，构造状态转换函数 GO。

②从 I_i 构造状态 i，一般而言，假定 LR(0)规范族的一个项目集 I_i 中含有 m 个移进项目：$A_1 \rightarrow \alpha \cdot a_1\beta_1, A_2 \rightarrow \alpha \cdot a_2\beta_2, \cdots, A_m \rightarrow \alpha \cdot a_m\beta_m$；同时含有 n 个归约项目：$B_1 \rightarrow \alpha \cdot, B_2 \rightarrow \alpha \cdot, \cdots, B_m \rightarrow \alpha \cdot$，如果集合 $\{a_1, \cdots, a_m\}$，FOLLOW(B_1)，…，FOLLOW(B_n)两两不相交(包括不得有两个 *FOLLOW* 集合有♯)，则我们的分析动作确定如下：

若 $a \in \{a_1, \cdots, a_m\}$，并且 GO($I_i, a$) = I_j，则置 Action[i, a]为“移 j 进栈”，简记为“sj”，这里的 a 必须是终结符。

若 $a \in$ FLLOW(B_i)，$i=1,2,\cdots,n$，则置 Action[i, a]为“归约 $B_i \rightarrow \alpha$”，简记为“rj”，其中，假定 $B_i \rightarrow \alpha$ 为文法 G' 的第 j 个产生式，这里 B_i 不能是 S'。

若♯ $\in$ FOLLOW(B_i)，$i=1,2,\cdots,n$，而且 B_i 为 S'，则置 Action[i, ♯]为“接受”，简记为“acc”。

③对所有的非终结符 A，若 GO(I_i, A) = I_j，则置状态 I 的 Goto 函数为 Goto[i, A] = j。

④不能由规则②和规则③定义的表项都置为“出错”。

⑤语法分析器的初始状态是从包含[$S' \rightarrow \cdot S$]的项目集构造的初态。

(2)规范 LR 语法分析表构造：

构造有效的 LR(1)项目集族的办法，本质上和构造 LR(0)项目集规范族的方法一样，主要基于两个函数 CLOSURE 和 GO 构造 LR(1)项目集族 C，从文法的 LR(1)项目集族 C 构造分析表。使用这种分析表构造的分析器叫做规范的 LR 分析器，具有规范的 LR(1)分析表的文法称为 LR(1)文法。每个 SLR(l)文法都是 LR(1)文法。一个 SLR(l)文法规范的 LR 分析器比其 SLR 分析器含有更多的状态。

LR(1)分析表的构造算法如下：假定 $C=\{I_0, I_1, \cdots, I_n\}$，令每个 I_k 的下标 k 为分析表的状态。令含有[$S' \rightarrow \cdot S$, ♯]的 I_k 的 k 代表分析器的初态，则动作 Actoin 和状态转换 Goto 可构造如下：

①若项目[$A \rightarrow \alpha \cdot a\beta, b$]属于 I_k 且 $GO(I_k, a) = I_j$，a 为终结符，则置 Action[k, a]为“把状态 j 和符号 a 移进栈”，简记为“sj”。

②若项目[$A \rightarrow \alpha \cdot, a$]属于 I_k，则置 Action[k, a]为“用产生式 A→α 归约”，简记为“rj”；其中假定 $A \rightarrow \alpha$ 为文法 G' 的第 j 个产生式。

③若项目[$S' \rightarrow S \cdot$, ♯]属于 I_k，则置 Action[k, ♯]为“接受”，简记“acc”。

④若 GO(I_k, A) = I_j，则置 Goto[k, A] = j。

⑤分析表中凡不能用规则①～④填入信息的空白栏均填上“出错标志”。

(3)LALR 语法分析表构造：

LALR 方法本质上是一种折衷方法，LALR 分析表比规范 LR 分析表要小得多，能力也差一点，但它却能对付一些 SLR 所不能对付的情形。

构造 LALR 分析表的第一个算法思想是首先构造 LR(1)项目集族，然后把同心集合并

在一起,如果合并后不存在冲突,就按这个集族构造分析表,并且该文法就是一个LALR文法了。这个算法的主要步骤是:

①构造文法G的LR(1)项目集族 $C=\{I_0,I_1,\cdots,I_n\}$。

②把所有的同心集合并在一起,记 $C'=\{J_0,J_1,\cdots J_m\}$ 为合并后的新族。那个含有项目 $[S'\rightarrow S\cdot,\#]$ 的 J_k 为分析表的初态。

③从 C' 构造Action表:若 $[A\rightarrow\alpha\cdot a\beta,b]\in J_k$ 且 $GO(J_k,a)=J_j$,a 为终结符,则置Action$[k,a]$为"sj";若 $[A\rightarrow\alpha\cdot,a]\in J_k$,则置Action$[k,a]$为"使用 $A\rightarrow\alpha$ 归约",简记为"rj";其中假定 $A\rightarrow a$ 为文法 G' 的第 j 个产生式;若 $[S'\rightarrow S\cdot,\#]\in J_k$,则置Action$[k,\#]$为"接受",简记为"acc"。

④Goto表的构造:假定 J_k 是 $I_{i1},I_{i2},\cdots,I_{it}$ 合并后的新集。由于所有这些 I_i 同心,因此,$GO(I_{i1},X)$,$GO(I_{i2},X)$,$\cdots$,$GO(I_{it},X)$ 也具同心。记 J_i 为所有这些GO合并后的集。那么,就有 $GO(J_k,X)=J_i$。于是,若 $GO(J_k,A)=J_i$,则置Goto$[k,A]=j$。

⑤分析表中凡不能用规则③、④填入信息的空白格均填上"出错标志"。

经上述步骤构造的分析表若不存在冲突,则称它为文法G的LALR分析表。存在这种分析表的文法称为一个LALR(1)文法。这个算法的思想虽然简单明确,但是上述的构造实现起来费时间和空间,一般是通过构造与LR(0)集族相当的空间来构造LALR(1)集族,来减少构造过程的开销。

3.3 语法分析的实现

3.3.1 SPL语法定义

SPL是PASCAL语言的一个子集,包含函数、过程的结构、嵌套的函数过程定义等。实现赋值语句、过程语句、if语句、while语句等9类型语句、加减乘除四则运算、比较运算、与或运算、取模运算等。SPL语言的语法定义分成程序、子代码、语句和表达式四个部分进行,详细定义见附件2。

3.3.2 SPL语法分析

具体实现中,利用YACC工具来生成SPL语法分析程序,YACC采用的是自底向上的LALR(1)分析方法,分析方法原理见3.2节。语法分析阶段的任务是生成以program为根的语法树。基于效率考虑,在SPL编译器的实现上,并不生成完整的program树,而只生成需要产生中间代码的部分,并且以函数为单位组成森林。

本书用于生成SPL语法分析器的YACC源文件是spl. y。在spl. y中进行SPL语法的描述,在语法检查和分析过程中,加入语法树节点生成的代码。

以下结合3.1.2和3.1.3两小节中关于语法分析的原理和数据结构,分析一下YACC工具生成SPL语法分析器的过程细节。

首先,YACC源程序(spl. y)包含了SPL语法规则的描述和语法树节点生成的程序,YACC程序根据这些SPL语法规则自动生成LALR(1)的分析表,并用一系列矩阵存储该分析表中的内容(参见 YACC 程序的输出文件 rule.h/rule.c 的 yytable 及相关部分代码)。

其次,YACC 程序初始化接收 token 序列的数组数据结构(包含方法),用于语法分析过程的栈数据结构(包含压入和弹出操作),以及查找 LALR(1)分析表和进行语法分析动作,如规约等。

最后,按照语法分析过程组织上述数据结构,完成语法分析,参见 rule.c 中的 yyparse 函数的实现。如下所示,该部分代码主要完成查表及采取相应语法分析动作的过程。

```
/* If the proper action on seeing token YYTOKEN is to reduce or to
   detect an error, take that action.  */
yyn + = yytoken;
if (yyn < 0 || YYLAST < yyn || yycheck[yyn] ! = yytoken)
  goto yydefault;
yyn = yytable[yyn];
if (yyn < = 0)
  {
    if (yyn == 0 || yyn == YYTABLE_NINF)
      goto yyerrlab;
    yyn = - yyn;
    goto yyreduce;
  }

if (yyn == YYFINAL)
  YYACCEPT;
```

在了解 YACC 工具生成 SPL 语法分析器的过程细节后,下面简要介绍一下使用 YACC 工具的过程。编写 YACC 源程序时,应先描述 SPL 的全部语法,并创建语义动作源文件 tree.h/tree.c,实现各种语法树节点的创建,然后将语法树节点的创建动作添加到 YACC 源文件中相应的语法规则中及 SPL 语法对应的语法动作中,最终完成语法树的生成。

其中,定义 YACC 工具源文件的第一部分包含

```
#include "tree.h"
```

tree.h 和 tree.c 中定义了抽象语法树节点的结构以及各种类型的树节点的创建及实现。同时,声明了下列树节点,用于抽象语法树的生成:

```
Tree new_tree(int op, Type type, Tree left, Tree right);
Tree header_tree(symtab *ptab);
Tree conversion_tree(Symbol source, Type target);
Tree id_factor_tree(Tree source, Symbol sym);
Tree address_tree(Tree source, Symbol sym);
Tree not_tree(Tree source);
Tree neg_tree(Tree source);
Tree right_tree(Tree *root, Tree newrightpart);
Tree arg_tree(Tree argtree, Symtab function, Symbol arg, Tree expr);
Tree field_tree(Symbol record, Symbol field);
```

```
Tree array_factor_tree(Symbol array, Tree expr);
Tree const_tree(Symbol constval);
Tree call_tree(Symtab routine, Tree argstree);
Tree sys_tree(int sys_id, Tree argstree);
Tree binary_expr_tree(int op, Tree left, Tree right);
Tree compare_expr_tree(int op, Tree left, Tree right);
Tree assign_tree(Tree id, Tree expr);
Tree label_tree(Symbol label);
Tree jump_tree(Symbol label);
Tree cond_jump_tree(Tree cond, int trueorfalse, Symbol label);
```

在 YACC 源文件的第二部分,定义了描述语法的产生式符号及其类型。参见源文件中的 spl.y 文件,其中 %term 为终结符的声明,%type 为非终结符声明。

在 YACC 源文件的第三部分,描述了 SPL 语法以及每个产生式所对应的语法动作。

下面就附件 2 中 SPL 语法定义部分内容给出说明如下。

1.A 程序

以下产生式为程序的语法定义,在语法分析程序中实现程序树节点的创建。

```
program
    →first_act_at_prog program_head sub_program oDOT
```

spl.y 中创建树节点的代码如下:

```
            t = new_tree(TAIL, NULL, NULL, NULL);
```

对应在 rule.c 中的代码为:

```
#line 228 "spl.y"
    {
...
            t = new_tree(TAIL, NULL, NULL, NULL);
```

该树节点的操作类型为 TAIL,表示该树节点实现的是程序结束的操作,见 ops.h 中 TAIL 类型的定义:

```
    TAIL = 51 << 4,                /* function end tree. */
```

在 tree.h 中可以看到 new_tree 函数的实现如下:

```
/* 生成树节点 */
Tree new_tree(int op, Type type, Tree left, Tree right)
{

    Tree p;

    NEW0(p, where);
    p→op = op;
    p→result_type = type;
```

```
    p→kids[0] = left;
    p→kids[1] = right;
    return p;
}
```

A 程序中的 A.3 子程序有以下产生式的语法定义，在语法分析程序中实现子程序树节点的创建。

```
sub_program
→routine_head routine_body
```

spl.y 中创建树节点的代码如下：

```
header = new_tree(HEADER, find_type_by_id(TYPE_VOID), NULL, NULL);

now_function = new_tree(ROUTINE, find_type_by_id(TYPE_VOID), header, NULL);
```

（对应在 rule.c 中的代码与上述代码相同，以后不再赘述。）

其中，程序头树节点的操作类型为 HEADER，表示该树节点定义的为程序的开始；程序树节点的操作类型为 ROUTINE，表示该节点定义了程序主体部分；并将程序头节点作为函数节点的左子树。

2.B 子代码（子程序）

(1)B.1.5.1 函数声明：以下产生式为函数声明的语法定义，在语法分析程序中实现函数结束树节点的创建。

```
function_decl
    →function_head oSEMI sub_routine oSEMI
```

spl.y 中创建树节点的代码如下：

```
            t = new_tree(TAIL, NULL, NULL, NULL);
```

该树节点的操作类型为 TAIL，表示该树节点实现的是程序结束的操作。

以下产生式为函数头的语法定义，在语法分析程序中实现函数头树节点、函数树节点的创建。

```
function_head
    →kFUNCTION yNAME parameters oCOLON simple_type_decl
```

spl.y 中创建树节点的代码如下：

```
        header = new_tree(HEADER, ptab→type, NULL, NULL);

        now_function = new_tree(FUNCTION, ptab→type, header, NULL);
```

其中，函数头树节点的操作类型为 HEADER，表示该树节点定义了函数的开始；函数树节点的操作类型为 FUNCTION，表示该节点为函数的实现；并将函数头节点作为函数节点的左子树。

(2)B.1.5.2 过程声明：以下产生式为过程声明的语法定义，在语法分析程序中实现过程结束树节点的创建。

```
procedure_decl
    →procedure_head oSEMI sub_routine oSEMI
```

spl.y 中创建树节点的代码如下：

```
        t = new_tree(TAIL, NULL, NULL, NULL);
```

该树节点的操作类型为 TAIL，表示该树节点标识过程结束。

以下产生式为过程头的语法定义，在语法分析程序中实现过程头树节点、过程树节点的创建。

```
procedure_head
    →kPROCEDURE yNAME parameters
```

spl.y 中创建树节点的代码如下：

```
header = new_tree(HEADER, find_type_by_id(TYPE_VOID), NULL, NULL);

now_function = new_tree(ROUTINE, find_type_by_id(TYPE_VOID), header, NULL);
```

其中，过程头树节点的操作类型为 HEADER，表示该树节点实现了过程定义的操作；过程树节点的操作类型为 ROUTINE，表示该节点为过程实现的操作；并将过程头节点作为过程节点的左子树。

3.C 语句序列

(1)C.1.1 赋值语句：以下产生式为赋值语句的语法定义，在语法分析程序中实现赋值语句树节点的创建。

```
assign_stmt
    →yNAME oASSIGN expression
```

spl.y 中创建树节点的代码如下：

```
    t = address_tree(NULL, p);
    $ $ = assign_tree(t, $ 3);
```

在上述标识符赋值产生式中 address_tree( )创建标识符取地址的树节点，该树节点的操作类型为 ADDRG，p 是指向标识符 yNAME 的符号指针，t 为创建标识符取地址树节点的返回指针；assign_tree( )创建赋值树节点，该树节点的操作类型为赋值操作 ASGN，其左子树为标识符取地址树节点(t)，其右子树为表达式树节点($ 3)，参见表达式树节点。

address_tree( ) 实现代码如下：

```
/* 生成取 source 地址的树 */
Tree address_tree(Tree source, Symbol sym)
{
    Tree t;

    if (source)
```

```
        t = new_tree(ADDRG, source->result_type, source, NULL);
    else
        t = new_tree(ADDRG, sym->type, NULL, NULL);
    t->u.generic.sym = sym;
    return t;
}
```

assign_tree( )实现代码如下:

```
/* 生成赋值语句(树)。
 * 左子树为 id 树,
 * 右子树为表达式树。
 */
Tree assign_tree(Tree id, Tree expr)
{
    Tree t;

    t = new_tree(ASGN, id->result_type, id, expr);
    return t;
}
```

```
assign_stmt
→yNAME oLB { action1 } expression oRB { action2 } oASSIGN expression
```

其中,action1 和 action2 表示为在语法分析规则中嵌入在产生式中间的动作代码,具体可详见 YACC 源代码。

spl.y 中创建树节点的代码如下:($4 指产生式中第一个 expression 所代表的内容, $8 指产生式中第二个 expression 所代表的内容)

```
        t = array_factor_tree(p, $4);
        t = address_tree(t, p);

        $$ = assign_tree(t, $8);
```

在上述赋值产生式中 array_factor_tree( )创建以标识符 yNAME(p)为数组名,以表达式树节点($4)返回的结果为下标的数组元素树节点,该数组元素树节点的左子树为表达式树节点,右子树为空;该产生式中的 address_tree( )创建的是数组元素取地址的树节点,该树节点的操作类型为 ADDRG,t 为指向数组元素的树节点指针,p 为数组名;最后由 assign_tree( )创建的赋值树节点以数组元素取地址树节点为其左子树,以表达式树节点为其右子树。

array_factor_tree( )实现代码如下:

```
/* 生成取 array 指定的数组中的某个元素值,下表由 expr 结果指定 */
Tree array_factor_tree(Symbol array, Tree expr)
{
    Tree t;
```

```
    t = new_tree(ARRAY, array->type->last->type, expr, NULL);
    t->u.generic.sym = array;
    return t;
}
```

```
assign_stmt
->yNAME oDOT yNAME { action1 } oASSIGN expression
```

spl.y 中创建树节点的代码如下:($6 是指产生式中 expression 所代表的内容)

```
        t = field_tree(p, q);
        t = address_tree(t, q);

        $$ = assign_tree(t, $6);
```

在上述记录域赋值产生式中 field_tree( )创建记录域树节点,该记录域树节点以第一个 yNAME(p)为记录名,以第二个 yNAME(q)为域名。取地址树节点和赋值树节点的语法分析动作同前。

field_tree ()实现代码如下:

```
/* 生成取 record 指定的记录的 field 域的值的节点 */
Tree field_tree(Symbol record, Symbol field)
{
    Tree t;

    t = new_tree(FIELD, field->type, NULL, NULL);
    t->u.field.record = record;
    t->u.field.field = field;
    return t;

}
```

(2)C.1.2 过程语句:以下产生式为过程语句的语法定义,在语法分析程序中实现过程语句树节点的创建。

```
proc_stmt
    ->yNAME
```

spl.y 中创建树节点的代码如下:

```
        $$ = call_tree(ptab, NULL);
```

这是一个无参数的过程调用产生式,call_tree( )创建无参数的过程调用树节点,该树节点的操作类型为 CALL,ptab 是以 yNAME 为过程名的符号表项,该树节点的类型与 ptab 符号表项的类型一致,其左右子树均为空。

call tree ( )实现代码如下:

```
/* 生成函数调用树 */
Tree call_tree(Symtab routine, Tree argstree)
{
    Tree t;

    t = new_tree(CALL, routine->type, argstree, NULL);
    t->u.call.symtab = routine;
    return t;
}
```

```
proc_stmt
->yNAME oLP args_list oRP
```

spl.y 中创建树节点的代码如下：

```
        $ $ = call_tree(top_call_stack(), args);
```

这是一个含参数的过程调用产生式，call_tree( )创建含参数的过程调用树节点，类型与调用栈顶的符号表项类型相同，其左子树为参数树节点，具体参见有关参数树节点。

```
proc_stmt
->SYS_PROC
```

spl.y 中创建树节点的代码如下：

```
        $ $ = sys_tree( $ 1->attr, NULL);
```

这是一个系统过程调用产生式，sys_tree( )创建无参数的系统过程树节点，该产生式能够分析的系统过程包含 pWRITE、pWRITELN，该系统过程树节点的左右子树均为空。

sys tree ()实现代码如下：

```
/* 生成系统函数/过车调用树 */
Tree sys_tree(int sys_id, Tree argstree)
{
    Tree t;
    Symtab ptab;

    ptab = find_sys_routine(sys_id);
    if (ptab)
        t = new_tree(SYS, ptab->type, argstree, NULL);
    else
        t = new_tree(SYS, find_type_by_id(TYPE_VOID), argstree, NULL);

    t->u.sys.sys_id = sys_id;
    return t;
}
```

```
proc_stmt
```

→SYS_PROC {action1} oLP expression_list oRP

spl.y 中创建树节点的代码如下:($4 是指上述产生式中 expression_list 所代表的内容)

```
        $$ = sys_tree($1→attr, $4);
```

这是一个含参数的系统过程调用产生式,sys_tree( )创建含参数的系统过程树节点,该树节点的左子树为表达式序列树节点,具体参见表达式序列树节点。

proc_stmt

→pREAD oLP factor oRP

spl.y 中创建树节点的代码如下:

```
        if (generic($3→op) == LOAD)
            t = address_tree(NULL, $3→u.generic.sym);
        else
            t = address_tree($3, $3→u.generic.sym);
        $$ = sys_tree(pREAD, t);
```

这是一个读(pREAD)的产生式,根据因子的操作类型创建不同的因子取地址的树节点。参见 factor 产生式中创建的树节点,包含的操作类型有 LOAD(id_factor_tree)、CALL(call_tree)、SYS(sys_tree)等,其中操作类型为 LOAD 的树节点为 id_factor_tree。因为它是直接取值操作,故在创建取地址树节点的时候将 id_factor_tree 中的 symbol 类型和值取出,存储在新创建的 address_tree 树节点中,而丢弃原来的 id_factor_tree。其他操作类型的树节点如 CALL、SYS 等将原来的树节点挂在左子树上,最后创建左子树为因子取地址树节点的系统过程调用树。

(3)C.1.3 复合语句:以下产生式为复合语句的语法定义,在语法分析程序中实现复合语句树节点的创建。

compound_stmt

　→kBEGIN {action1} stmt_list kEND

spl.y 中创建树节点的代码如下:

```
        t = new_tree(BLOCKBEG, NULL, NULL, NULL);

        t = new_tree(BLOCKEND, NULL, NULL, NULL);
```

该复合语句产生式对语句序列进行语法分析,分别创建操作类型为 BLOCKBEG、BLOCKEND 的树节点。

(4)C.1.4 if 语句:以下产生式为 if 语句的语法定义,在语法分析程序中实现 if 语句树节点的创建。

if_stmt

→kIF expression kTHEN {action1} stmt {action2} else_clause

spl.y 中创建树节点的代码如下:

```
        t = cond_jump_tree($3, false, new_label);
```

```
t = label_tree(new_label);

    t = jump_tree(exit_label);

    t = label_tree(exit_label);
```

```
if_stmt
    →kIF error kTHEN stmt else_clause
```

第一个产生式描述了典型的 if...else 的语法结构,其中 cond_jump_tree( )创建条件跳转树节点,其操作类型为 COND,左子树指向包含语句树节点的树;label_tree( )创建标签树节点;jump_tree( )创建跳转操作树节点,操作类型为 JUMP,跳转到退出标签。

cond_jump tree ()实现代码如下:

```
/* 条件跳转操作(树)
*/
Tree cond_jump_tree(Tree cond, int trueorfalse, Symbol label)
{
    Tree t;

    t = new_tree(COND, label→type, cond, NULL);
    t→u.cond_jump.label = label;
    t→u.cond_jump.true_or_false = trueorfalse;
    return t;
}
```

label tree ()实现代码如下:

```
/* 生成标签(节点)
*/
Tree label_tree(Symbol label)
{
    Tree t;

    t = new_tree(LABEL, label→type, NULL, NULL);
    t→u.label.label = label;
    return t;
}
```

jump tree ()实现代码如下:

```
/* 跳转操作(节点)
*/
Tree jump_tree(Symbol label)
{
```

```
    Tree t;

    t = new_tree(JUMP, label→type, NULL, NULL);
    t→u.generic.sym = label;
    return t;
}
```

(5)C.1.5 repeat 语句:以下产生式为 repeat 语句的语法定义,在语法分析程序中实现 repeat 语句树节点的创建。

```
repeat_stmt
    →kREPEAT { action1 } stmt_list kUNTIL expression
```

spl.y 中创建树节点的代码如下:

```
        t = label_tree(new_label);

        t = cond_jump_tree($5, false, new_label);
```

该产生式描述 repeat...until...语句的语法结构,label_tree( )创建标签树节点,标识重复执行的语句序列的树节点开始位置;cond_jump_tree( )创建条件跳转树节点。

(6)C.1.6 while 语句:以下产生式为 while 语句的语法定义,在语法分析程序中实现 while 语句树节点的创建。

```
while_stmt
    →kWHILE { action1 } expression kDO { action2 } stmt
```

spl.y 中创建树节点的代码如下:

```
        t = label_tree(test_label);

        t = cond_jump_tree($3, false, exit_label);

        t = label_tree(exit_label);

        t = jump_tree(test_label);
```

该产生式描述 while...do...语句的语法结构,在条件表达式树节点之前用 label_tree()创建标识测试条件的标签树节点,在条件表达式树节点之后创建条件跳转,在语句后创建了退出标签树节点和跳转到测试标签的跳转树节点。

(7)C.1.7 for 语句:以下产生式为 for 语句的语法定义,在语法分析程序中实现 for 语句树节点的创建。

```
for_stmt
    →kFOR yNAME oASSIGN expression { action1 } direction expression kDO { action2 } stmt
```

spl.y 中创建树节点的代码如下:

```
        t = address_tree(NULL, p);
```

```
01393        list_append(&ast_forest, assign_tree(t, $4));

01401        t = label_tree(test_label);

01418        t = id_factor_tree(NULL, p);

01420        if ($6 == kTO)
01421        {
01422            t = compare_expr_tree(LE, t, $7);
01423        }
01424        else
01425        {
01426            t = compare_expr_tree(GE, t, $7);
01427        }
01428
01429        t = cond_jump_tree(t, false, exit_label);

01440        if ($6 == kTO)
01441        {
01442            t = incr_one_tree(t);
01443        }
01444        else
01445        {
01446            t = decr_one_tree(t);
01447        }

01455        t = jump_tree(test_label);

01462        t = label_tree(exit_label);
```

该产生式描述 for...do...语句的语法结构。第一部分 01391 语句用 address_tree( )创建标识符 yNAME 的取地址树节点，通过 assgin_tree( )来完成赋值树节点的创建，并且在此处创建标识测试条件的标签树节点。

01418 语句用 id_factor_tree( )创建标识符 yNAME 的取值树节点，根据步进方向 to、downto 用 compare_expr_tree( )来创建表达式比较树节点，其操作类型为 LE(小于等于)或者 GE(大于等于)，并设定左子树为刚创建的标识符取值树节点，右子树指向接下来语句树节点的位置，即产生式中 expression 树节点。cond_jump_tree()创建条件比较失败情况下的条件跳转树节点，其左子树为前面创建的表达式比较树节点，右子树为空。

id_factor_tree()实现代码如下：

```
00056 /* 生成取 source 值的树 */
00057 Tree id_factor_tree(Tree source, Symbol sym)
```

```
{
    Tree t;

    if (source)
        t = new_tree(LOAD, source->result_type, source, NULL);
    else
        t = new_tree(LOAD, sym->type, NULL, NULL);
    t->u.generic.sym = sym;
    return t;
}
```

compare_expr_tree()实现代码如下：

```
/* 生成比较运算树
 * 比较运算包括:等于,不等于,大于,大于等于,小于,小于等于
 */
Tree compare_expr_tree(int op, Tree left, Tree right)
{
    Tree t;

    t = new_tree(op, find_type_by_id(TYPE_BOOLEAN), left, right);
    return t;
}
```

01440 开始的语句代码在语句树节点的后面根据步进方向 to、downto 创建相应的加一树节点和减一树节点，最后创建了跳转到测试标签的跳转树节点、标识退出位置的退出标签树节点。

incr_one_tree ()实现代码如下：

```
/* 加一运算
 */
Tree incr_one_tree(Tree source)
{
    Tree t;

    t = new_tree(INCR, source->result_type, source, NULL);
    return t;
}
```

(8)C.1.8 case 语句：以下产生式为 case 语句的语法定义，在语法分析程序中实现 case 语句树节点的创建。

```
case_stmt
    ->kCASE { action1 } expression kOF case_expr_list { action2 } kEND
```

spl.y 中创建树节点的代码如下：

```
01493        t = jump_tree(test_label);

01516        t = label_tree(test_label);

01528        t = compare_expr_tree(EQ, $3, cases[i + 1]);
01529        t = cond_jump_tree(t, true, new_label);

01538        t = label_tree(exit_label);
```

该产生式描述了 case...of...end 语句的语法结构。01493 语句创建跳转到测试条件标签的跳转树节点。01516 语句即在 case 表达式序列之后设置标识 case 语句测试条件位置的标签树节点;并且创建表达式比较树节点,该树节点的操作类型为 EQ(相等),其左子树为表达式树节点,右子树为下一个 case 树节点;接下来创建条件跳转树节点,最后设置退出标签树节点。

以下产生式为 case 表达式的语法定义,在语法分析程序中实现 case 表达式树节点的创建。其产生式及语法分析动作如下:

```
case_expr
    →const_value { action1 } oCOLON stmt { action2 } oSEMI
```

spl.y 中创建树节点的代码如下:

```
01566        t = label_tree(new_label);

01572        t = const_tree($1);

01585        t = jump_tree(exit_label);
```

该产生式描述常数情形下的 case 语句的语法结构。01566 语句等创建标签树节点和常数树节点,01585 语句创建跳转到退出标签的树节点。

const tree ()实现代码如下:

```
/* 生成常量值节点 */
Tree const_tree(Symbol constval)
{
    Tree t;

    t = new_tree(CNST, constval->type, NULL, NULL);
    t->u.generic.sym = constval;
    return t;
}
```

```
case_expr
→yNAME { action1 } oCOLON stmt { action2 } oSEMI
```

spl.y 中创建树节点的代码如下:

```
        t = label_tree(new_label);

        t = id_factor_tree(NULL, p);

        t = jump_tree(exit_label);
```

该产生式描述标识符情形下的 case 语句的语法结构。不同之处在于第一部分创建的是标识符(yNAME)树节点。

4.D 表达式序列

(1)表达式序列:以下产生式为表达式序列的语法定义,在语法分析程序中实现表达式序列树节点的创建。

```
expression_list
    →expression_list oCOMMA expression
```

spl.y 中创建树节点的代码如下:

```
        args = arg_tree(args, rtn, arg, $3);
```

```
expression_list
→expression
```

spl.y 中创建树节点的代码如下:

```
        args = arg_tree(args, rtn, arg, $1);
```

该表达式序列产生式是程序中常见的结构,从语法定义知道,expression_list 只在产生式 proc_stmt→SYS_PROC oLP expression_list oRP 中使用,因此通过 arg_tree( )创建函数/过程调用值参传递树节点,总将 expression_list 中最后一个表达式放在该树节点的右子树处。

arg tree ()实现代码如下:

```
/* 生成函数/过程调用值参传递树
 *
 * 在分析到一个参数时调用一次,首次调用时传入 argtree 为 NULL,
 * 后续调用时传入 arg_tree()调用返回值,
 * 第一次调用时构建节点,
 * 后续的参数调用将树用 Right 节点伸展,
 * 直到所有的函数/过程调用参数分析完毕
 */
Tree arg_tree(Tree argtree, Symtab function, Symbol arg, Tree expr)
{
    Tree t, right;

    if (arg != NULL && arg->type->type_id != expr->result_type->type_id)
    {
        /* do conversions, left for excises. */
```

```
        parse_error("type miss match.", "");
    }

    if (argtree == NULL)
    {
        if (arg != NULL)
         t = new_tree(ARG, arg->type, expr, NULL);
        else
         t = new_tree(ARG, expr->result_type, expr, NULL);
        t->u.arg.sym = arg;
        t->u.arg.symtab = function;
        return t;
    }

    /* append to right tree. */
    right = right_tree(&(argtree->kids[1]), expr);
    right->u.arg.sym = arg;
    right->u.arg.symtab = function;

    return argtree;
}
```

(2)D.1 表达式:以下产生式为表达式的语法定义,在语法分析程序中实现表达式树节点的创建。

expression
→expression {action1} oGE expr

spl.y 中创建树节点的代码如下:($1, $4 分别是指 expression 和 expr 所代表的内容)

```
        $$ = compare_expr_tree(GE, $1, $4);
```

expression
→expression {action1} oGT expr

spl.y 中创建树节点的代码如下:($1, $4 分别是指 expression 和 expr 所代表的内容)

```
        $$ = compare_expr_tree(GT, $1, $4);
```

expression
→expression { action1} oLE expr

spl.y 中创建树节点的代码如下:($1, $4 分别是指 expression 和 expr 所代表的内容)

```
        $$ = compare_expr_tree(LE, $1, $4);
```

expression
→expression { action1} oLT expr

spl.y 中创建树节点的代码如下:($1, $4 分别是指 expression 和 expr 所代表的内容)

```
01749        $ $  = compare_expr_tree(LT, $1, $4);
```

expression
→expression {action1} oEQUAL expr

spl.y 中创建树节点的代码如下:($1, $4 分别是指 expression 和 expr 所代表的内容)

```
01765        $ $  = compare_expr_tree(EQ, $1, $4);
```

expression
→expression {action1} oUNEQU expr

spl.y 中创建树节点的代码如下:($1, $4 分别是指 expression 和 expr 所代表的内容)

```
01781        $ $  = compare_expr_tree(NE, $1, $4);
```

expression
→expr

该系列产生式描述了大于等于、大于、小于等于、小于、等于、不等于共6个关系语句的语法结构。通过定义相应的操作类型,左子树为表达式,右子树为子表达式,创建表达式比较树节点。

(3)D.2 子表达式:以下产生式为子表达式的语法定义,在语法分析程序中实现子表达式树节点的创建。

expr
→expr { action1} oPLUS term

spl.y 中创建树节点的代码如下:($1, $4 分别是指 expr 和 term 所代表的内容)

```
01807        $ $  = binary_expr_tree(ADD, $1, $4);
```

expr
→expr {action1} oMINUS term

spl.y 中创建树节点的代码如下:($1, $4 分别是指 expr 和 term 所代表的内容)

```
01822        $ $  = binary_expr_tree(SUB, $1, $4);
```

expr
→expr {acyion1} kOR term

spl.y 中创建树节点的代码如下:($1, $4 分别是指 expr 和 term 所代表的内容)

```
01837        $ $  = binary_expr_tree(OR, $1, $4);
```

expr
→term

该系列产生式描述了子表达式和项的加、减和或等双目运算的语法结构。通过 binary_

expr_tree( )创建表达式双目运算树节点,其左子树右子树为表达式或者项。

binary_expr_tree ()实现代码如下:

```
/* 生成双目运算树
 * 双目运算(树),
 * 双目操作包括:与,或,加法,减法,乘法,除法,求余操作
 */
Tree binary_expr_tree(int op, Tree left, Tree right)
{
    Tree t;

    t = new_tree(op, left->result_type, left, right);
    t->result_type = left->result_type;
    return t;
}
```

(4)D.3 项:以下产生式为项的语法定义,在语法分析程序中实现项树节点的创建。

```
term
→term {action1} oMUL factor
```

spl.y 中创建树节点的代码如下:($1, $4 分别是指 term 和 factor 所代表的内容)

```
        $$ = binary_expr_tree(MUL, $1, $4);
```

```
term
→term {action1} oDIV factor
```

spl.y 中创建树节点的代码如下:($1, $4 分别是指 term 和 factor 所代表的内容)

```
        $$ = binary_expr_tree(DIV, $1, $4);
```

```
term
→term {action1} kDIV factor
```

spl.y 中创建树节点的代码如下:($1, $4 分别是指 term 和 factor 所代表的内容)

```
        $$ = binary_expr_tree(DIV, $1, $4);
```

```
term
→term {action1} kMOD factor
```

spl.y 中创建树节点的代码如下:($1, $4 分别是指 term 和 factor 所代表的内容)

```
        $$ = binary_expr_tree(MOD, $1, $4);
```

```
term
→term { action1} kAND factor
```

spl.y 中创建树节点的代码如下:($1, $4 分别是指 term 和 factor 所代表的内容)

```
$$ = binary_expr_tree(AND, $1, $4);
```

term
→factor

该系列产生式描述了项和因子间的乘、除、取模和与等双目运算的语法结构，通过binary_expr_tree( )创建表达式双目运算树节点，其左子树右子树为项或因子。

(5)D.4 因子：以下产生式为因子的语法定义，在语法分析程序中实现因子树节点的创建。

factor
  →yNAME

spl.y 中创建树节点的代码如下：

```
if (p)
{
        $$ = id_factor_tree(NULL, p);
}
else
{
        /* call functions with no arguments. */
        $$ = call_tree(ptab, NULL);
}
```

该产生式表示因子为标识符，存在变量和无参数函数两种情形，分别创建标识符树节点和函数调用树节点。

factor
→yNAME oLP args_list oRP

spl.y 中创建树节点的代码如下：

```
$$ = call_tree(ptab, args);
```

该产生式表示含参数的函数调用，用 call_tree( )创建函数调用树节点。

factor
→SYS_FUNCT

spl.y 中创建树节点的代码如下：

```
$$ = sys_tree($1→attr, NULL);
```

factor
→SYS_FUNCT oLP args_list oRP

spl.y 中创建树节点的代码如下：

```
$$ = sys_tree($1→attr, args);
```

上面两个产生式分别表示系统函数的调用，用 sys_tree( )创建系统函数调用树节点。

```
factor
→const_value
```

spl.y 中创建树节点的代码如下：

```
$ $  = const_tree( $ 1);
```

该产生式表示常数值，用 const_tree( )创建常数树节点。

```
factor
→oLP expression oRP
```

该产生式一般情况就直接把 expression 的内容传给 factor。

```
factor
→kNOT factor
```

spl.y 中创建树节点的代码如下：

```
$ $  = not_tree( $ 2);
```

```
factor
→oMINUS factor
```

spl.y 中创建树节点的代码如下：

```
$ $  = neg_tree( $ 2);
```

上述两个产生式表示非和负的单目运算，创建非运算和负运算的树节点。

```
factor
→yNAME oLB expression oRB
```

spl.y 中创建树节点的代码如下：

```
t = array_factor_tree(p, $ 4);
$ $  = id_factor_tree(t, p);
```

该产生式表示数组因子，创建数组元素因子树节点和标识符因子树节点。

```
factor
→yNAME oDOT yNAME
```

spl.y 中创建树节点的代码如下：

```
t = field_tree(p, q);
$ $  = id_factor_tree(t, q);
```

该产生式表示项目域的运算，创建域树节点和标识符因子树节点。

not_tree ( ) 实现代码如下：

```
/* 生成取非运算树 */
Tree not_tree(Tree source)
{
    Tree t;
```

```

    t = new_tree(NOT, source->result_type, source, NULL);
    return t;
}
```

neg_tree（ ）实现代码如下：

```
/* 生成取负数运算树 */
Tree neg_tree(Tree source)
{
    Tree t;

    t = new_tree(NEG, source->result_type, source, NULL);
    return t;
}
```

field_tree（ ）实现代码如下：

```
/* 生成取 record 指定的记录的 field 域的值的节点 */
Tree field_tree(Symbol record, Symbol field)
{
    Tree t;

    t = new_tree(FIELD, field->type, NULL, NULL);
    t->u.field.record = record;
    t->u.field.field = field;
    return t;

}
```

5.参数列表

以下产生式为参数列表的语法定义，在语法分析程序中实现参数列表树节点的创建。

```
args_list
    ->args_list oCOMMA expression
```

spl.y 中创建树节点的代码如下：

```
        args = arg_tree(args, rtn, arg, $3);
```

```
args_list
    ->expression
```

spl.y 中创建树节点的代码如下：

```
    args = arg_tree(args, rtn, arg, $1);
```

参数列表产生式是由若干个表达式组成的。主要工作是创建参数列表树节点，并且将表达式树节点挂在参数列表树节点的右子树上。

第4章

符号表实现

符号表是编译器编译过程中非常重要的继承属性。编译器使用符号表来记录名字的作用域以及绑定信息。每当在源文件中遇到一个名字时，就要搜索符号表，如果发现新的名字或者关于这个名字的新的信息，符号表就要发生变化。

语义分析分为两类：第一类语义分析根据语言的规则确定程序的正确性，保证程序的正确执行；第二类语言分析提高程序的执行效率，这一类的语义分析包括代码优化技术等。语义分析需要结合程序的上下文来进行，要对各种变量和表达式进行类型检查，查看类型是否匹配。还要检查变量是否重复定义，以及是否没有定义就使用等。这一系列的工作都与符号表有密切的关联。

本章首先介绍符号表的基本操作和主要数据结构，并介绍 SPL 编译器的设计要点，最后就 SPL 中符号表的具体实现作进一步论述。

4.1 符号表的操作及数据结构

4.1.1 符号表的操作

符号表中要存储什么信息是与标识符声明的目的和结构相关的。特别地，这些信息包括数据类型信息、信息的有效区域、信息在内存中的位置。

符号表的主要操作包括插入、查找、删除以及其他必要的操作。

插入：当编译器分析有关符号声明时，使用插入操作在符号表中存储名称声明的信息，比如变量的名称和类型等。

查找：当需要获取代码中相关名称的信息时，需要用查询操作。

删除：当某个名称的信息不再有效时，使用删除操作从符号表中移除或者屏蔽该名称的相关信息。

这些操作的性质与编译器要处理的语言规则相关。

编译器的符号表是一个典型的字典数据结构。符号表的数据结构的组织直接影响到它的三个主要操作插入、查找和删除的效率。下面我们讨论几种在编译器中使用表的数据结构。读者可以参看相关的数据结构方面的专著。

实现字典结构的数据结构包括线性表、树结构（二叉树、B 树等）以及散列表（hash table）。线性表在三类数据结构中可为三个主要操作提供最简单和直接的实现，它的插入操作可以是常数时间（可以直接插入到表头或者表尾），而查找和删除操作时间与线性表大小是线性正比关系。这对于编译速度不是主要问题的小型编译器来说,用线性表结构来实现符号表足够了。树结构对于符号表来说,由于其效率问题,尤其是删除操作的复杂性,一般不用作符号表的实现。

4.1.2　符号表的数据结构

1. 线性表数据结构

对符号表来说,最简单、最容易实现的数据结构是记录的线性表,如图 4.1 所示。一般用一个或者几个等价的数组来存储名字和它们的相关信息,线性表的最后一个位置由 newentry 来标识。

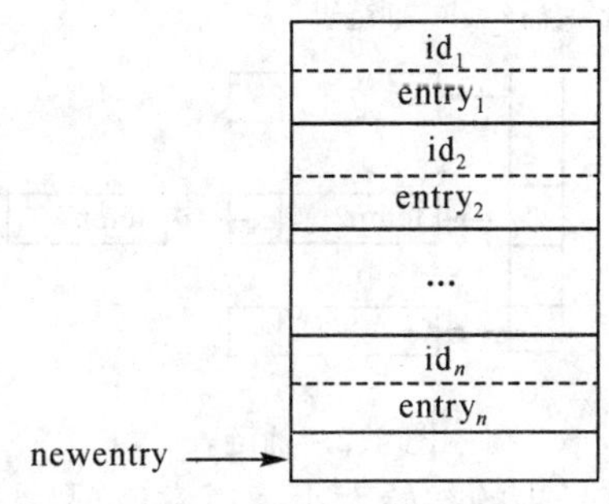

图 4.1　记录的线性表

插入:新名字按照遇到的次序来加入数组。

查找:名字的查找从数组的尾端向起始端进行。

删除:先查找再执行删除操作。

在块结构语言中,名字的出现属于该名字的最近嵌套声明的作用域。可以使用线性表数据结构来实现该作用域规则,方法是每次声明一个名字就建立一个新表项,将它放在 newentry 指针的地方,这样数组就按照符号表记录的大小向下增长。既然表项是从数组的起始处插入的,则名字的产生的顺序就和它们在数组中出现的顺序一致了。通过从数组尾端向起始处查找,一定可以找到最近声明的表项。

有关线性表操作的复杂度,假设符号表中包含 n 个表项。如果插入一个新名字之前不查找它是否存在,那么插入一个名字所花费的时间是常数。如果不允许多个表项对应一个名字,则需要查找整个符号表以确定名字是否已经在表中,则时间复杂度为 $O(n)$。查找一个名字平均需要查找 $n/2$ 个名字,时间复杂度仍为 $O(n)$。一般情况下线性表这样的处理时间将是无法忍受的。

2. 散列表数据结构

散列表(hash table)能够对三个操作都提供几乎常数时间的操作效率,因而是实现符号表的最佳选择,在实践中也经常使用。下面讨论用这种数据结构来实现符号表。

散列表是一个由入口单元组成的数组。这些入口称为桶(bucket),通常由序号 0 到 $n-1$来索引(n 为散列表数组的大小)。散列函数(hash function)将查找关键字转换成在索引值范围内的整数,在符号表的情况下,查找关键字为由字符构成的标识符。

在设计散列函数时应该注意:尽量让查找键对应的索引值均匀分布,这样可以减少散列碰撞(hash collision),即两个不同查找键值对应同一个索引值。散列碰撞会降低查找和删除操作的效率。散列函数的计算必须是常数时间,或者至少是查找键的长度的线性时间(这样如果对键的长度有限制的话,函数的计算时间就是常数时间了)。还需要考虑如何处理散列碰撞的问题。

这里介绍通用的处理方法——分离链表。在这种方法中,每个桶实际上是一个线性链表,通过在同一个桶的链表中加入新的项来解决散列碰撞。图 4.2 是一个符号表包含 5 个桶的简单例子,这是插入了 4 个标识符(a, b, temp1, temp2),假设 temp1 和 temp2 有相同的经过散列函数计算出来的索引值。桶链表中项的次序与插入的算法有关,一般插入到链表头上,所以 temp2 在 temp1 的前面。图中的圆点表示空指针。

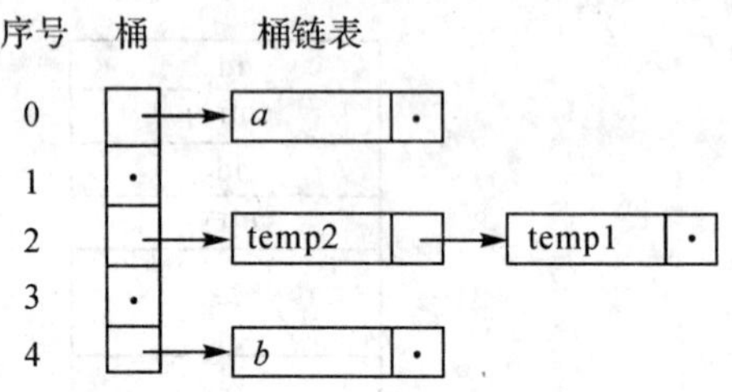

图 4.2 桶链表

另一个要考虑的问题是符号表的初始大小。通常,符号表的大小在编译器构造期间是固定的,从几百到一千。一般取一个素数,因为素数可使散列函数工作得更好,减少冲突的几率。举例来说,如果希望桶数组大小为 200,应该取 211 作为数组的大小(211 是大于 200 的最小素数)。

用于符号表的散列函数需要将字符串作为输入,计算出一个[0,size-1]之间的整数,其中 size 是符号表的大小。计算过程可以分三步:

①将字符串中的每个字符映射到一个非负整数。通常用编译器编写语言的内置函数来完成这个映射。

②把所有这些整数组合成一个单独的整数。

③将上一步计算出的整数映射到区间[0,size-1]上,可以用对 size 取模的算术运算来将任意整数映射到区间[0,size-1]上。

如果要将一个有限非负整数序列合成一个非负整数,一个简单的方法是将这些整数值相加。这个方法在变量声明是某个字符集合的不同排列时会引起散列碰撞,如 tempx 和 xtemp 具有同样的索引值。一个更好的方法是下面的递归算法。

用一个常数因子 α 乘以当前的值再加上下一个整数。设$\{c_0, c_1, c_2, \cdots, c_{n-1}\}$为整数数列,$h_i$ 为第 i 步的计算值($h_0=0$),则

$$h_{i+1} = \alpha h_i + c_i$$

最后的散列索引值为 $h = h_n \bmod \text{size}$。上面的计算过程等价于:

$$h = (\alpha^{n-1}c_0 + \alpha^{n-2}c_1 + \cdots + c_{n-1}) \bmod \text{size} = \left(\sum_{i=0}^{n-1} \alpha^{n-1-i}c_i\right) \bmod \text{size}$$

上式中的 α 的选择对计算过程很重要,一般合理的选择取 α 为 2 的方幂,这样乘法运算可以用位移来完成。由于 ASCII 字符的值小于 128,选择 $\alpha=128$ 可以将字符串看作是 128 进制的整数。

当然用上述公式计算 h 时可能会发生溢出的情况,此时计算出来的值是负数,取模运算后,h 仍然落在区间[0,size-1]上。

下面是计算散列函数的示例代码,取 $\alpha=16=2^4$。

```
#define SIZE ...
#define SHIFT 4

int hash(char *key)
{
    int temp = 0;
    int i;
    for (i=0; key[i])! =0; i++)
        temp = ((temp << SHIFT) + key[i]);

    return temp % SIZE;
}
```

4.2 基本原理和设计要点

4.2.1 作用域规则

作用域规则因与编程语言密切相关,故有一些共同的概念和规则。一般性的有两条规则:用前声明规则和块结构的最近嵌套规则。

1. 用前声明规则

名称在使用前需要声明是 C 和 PASCAL 等编程语言所共同要求遵守的规则。这条规则对于一遍翻译有较大的帮助,因为这允许符号在分析时能够在符号表中马上找到,如果找不到,编译器就生成一条错误信息。有些语言,如 Modula-2,并不要求程序编写者遵循这条规则,需要单独的一遍来生成符号表,因而对这一类语言进行一遍翻译是不可能的。

2. 块结构最近嵌套规则及举例

块结构是现代语言的共同特点。一个块是能够包含声明的编程语言的结构。比如 PASCAL 语言中的块是主程序以及过程和函数的声明。而在 C 语言中块是编译单元(即源代码文件)、函数声明和已经用花括号对"{...}"包含的复合语句。而 PASCAL 语言中的记录、C 语言中的结构、联合也可以看成是块,因为它们包含域的声明。一个语言是块结构的,如果它允许块的嵌套,块中的声明的作用域仅仅限于该块及其他包含的块,并遵守最近嵌套规则。所谓最近嵌套规则是指,一个名称如果有多个声明,那么它是其中最近的包含它的块中所声明的。我们将通过一个具体示例,了解嵌套规则对符号表建立的影响。

在以下的 C 语言代码中,共包含 5 个块:

①整个代码为一块,它包含了整型变量 i, j 以及函数 f 的声明。

②函数 f 的声明为一块,它声明了参数 size。

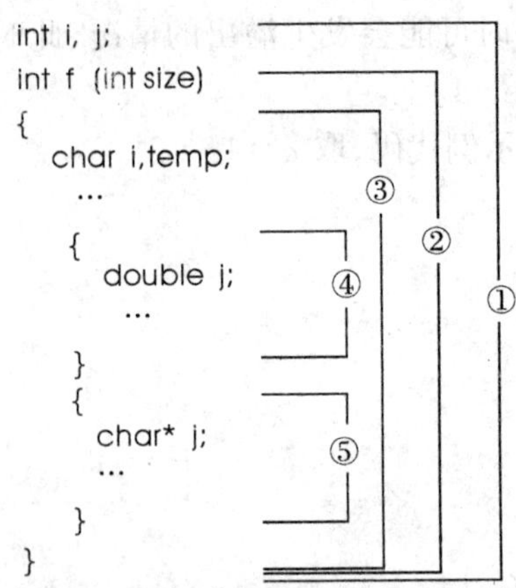

③函数 f 的函数体为一块，它是一个复合语句，包含了字符型变量 i，temp 的声明。

④函数体中的复合语句，包含 double 变量 j 的声明。

⑤包含字符型指针变量 j 的声明的复合语句。

在这 5 块中，块④和块⑤包含在块③内，块③包含在块②内，而块②包含在块①内。

在函数 f 内，size 和 temp 只有一个声明，可以在符号表中查到它们的属性，而对于 i 则不同，有一个局部声明字符型变量 i 和一个全局的整型变量 i，按照最近嵌套规则，局部变量的 i 应当是有效的，而在它的外层块声明的整型变量 i 在函数 f 内无效(这种情况下称为全局 int i 在函数 f 内有一个作用域空洞)。同样在块④和块⑤内对于变量 j 的使用以块内的声明为准，而全局变量 j 的声明作用失效。当退出它们相应的块之后，外层关于变量 i，j 的声明作用又恢复了。

在很多语言里，如 Ada 和 PASCAL，过程和函数也可以嵌套定义。对于声明的嵌套作用域来说没有带来什么麻烦。如下的 PASCAL 代码和刚才的 C 语言代码相比较，除了局部函数 g 和 h 的名称外，它们的符号表是一样的。

```
program ex;
var i, j: integer;

function f(size: integer): integer;
var i, temp: char;

    procedure g;
    var j: real;
    begin
      ...
    end;

    procedure h;
    var j: ^char;
    begin
      ...
    end;
```

```
begin { f }
    ...
end;

begin { main program }
    ...
end.
```

要实现作用域的嵌套以及最近嵌套规则,符号表在插入相同名称的项时不能将外层的声明覆盖,必须隐藏相同名称的项,这样才能使得查找该名称时确保找到最近的声明。同样,删除操作不能将对于同一名称的所有声明删除,而只能删除最近的一个声明,恢复前一个声明。这样符号表就能够在进入一个块时进行正确的插入动作,并且在退出该块时执行正确的删除操作。在这些规则下,符号表的行为和栈的处理是类似的。

图 4.3,4.4 和 4.5 表示符号表是如何实现刚才的 C 语言程序的声明。函数 f 的函数体声明后,符号表如图 4.3,处理函数体内第二个复合语句(含有 char *j 声明),符号表如图 4.4,退出 f 的函数体后,符号表如图 4.5 所示。

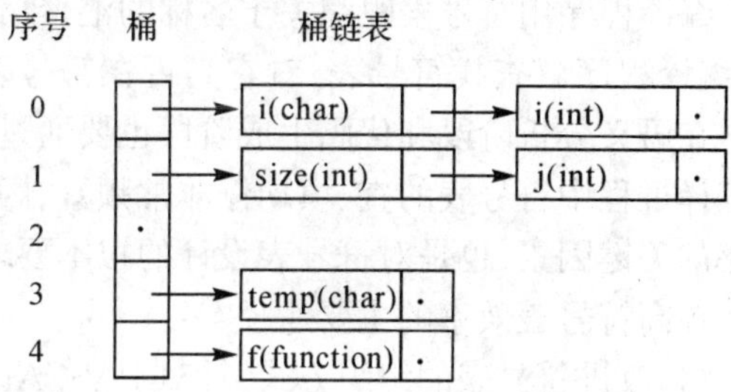

图 4.3　最近嵌套规则示意(1)

在执行删除操作时,我们也可以只给它们打上删除标记,而以后的访问操作跳过这些打了标记的项。

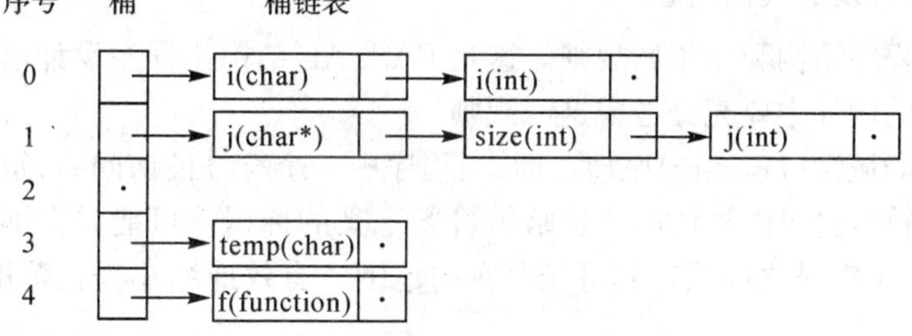

图 4.4　最近嵌套规则示意(2)

也可以用每个块一个符号表的方法来实现作用域的嵌套。当进入一个新的块时就建立一张新的符号表,并用指针将内外块的符号表连接起来形成符号表链表,查找时由里向外地逐次查找符号表,与上面的方法相比,删除操作就比较简单了,当离开一个块时,将这个块的符号表全部释放。和图 4.4 中相对应的符号表为图 4.6 所示。在图中有三个符号表,从最里层链接到最外层,当离开一个作用域时,只要重新设定访问符号表的指针。

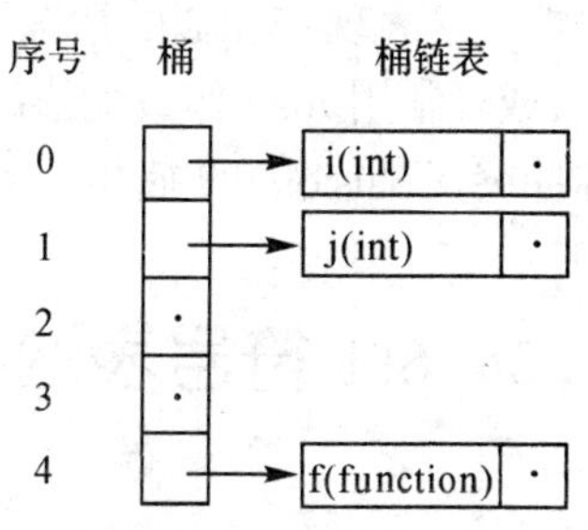

图 4.5　最近嵌套规则示意(3)

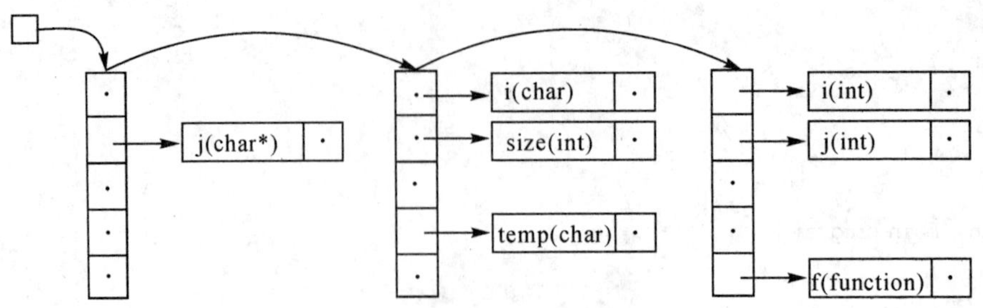

图 4.6 最近嵌套规则示意(4)

4.2.2 设计要点

在这一节中主要针对 SPL 中的符号表的具体实现,阐述有关设计上要注意的一些问题。

1.对符号表设计的根本要求——高效率

编译程序用符号表跟踪关于名称的汇聚信息、作用域,当词法分析器识别出一个标识符后,编译程序就查找符号表,看它是否在符号表中,如果没有,则把这个新标识符填入符号表。在语义分析阶段和代码生成阶段也要通过查找符号表来获得标识符的属性信息。可见在编译过程中符号表的查、填动作非常频繁,因而提高符号表查填效率是提高编译程序运行效率的关键因素,也是对符号表设计的根本要求。

提高符号表效率的主要途径有:

(1)改进符号表的组织方式,针对 PASCAL 程序特点设计符号表。

(2)优化符号表的数据结构和相关算法,提高软硬件资源的利用率。

2.在设计中涉及的其他问题

首先,是分程序结构和作用域规则。这是 PASCAL 结构化程序设计语言最显著的特点之一,在符号表的设计中要充分考虑这一规则。

其次,关于局域性(Locality)原理。即,当程序中一个符号被访问后,很可能很快被再次访问,其邻近的符号也可能被访问。这暗示着新定义的标识符可能要立即使用。这一原理有助于在查找一个符号之前确定其可能存在的范围,"有效地缩小查找范围"对提高符号表效率意义重大。

此外,还需考虑的一个普遍现象是:由一个程序员写的程序段中,会反复出现他的编程习惯。这表现在相似的情况下,使用相似(甚至是相同)的标识符。如对于循环变量,总会用 i,j,或经常用 max 作最大值的变量名等。因此,要求符号表不仅有而且要有很强的处理名称冲突(Collision)的能力。

4.3 SPL 符号表的实现

4.3.1 符号表的组织方式

1.符号表的外部组织方式——广义表

(1)逻辑上的组织——广义表结构:根据 PASCAL 程序的分程序结构特性,SPL 将符号表分成三类。

· 系统符号表(System Symbol Table)。所有的标准标识符,如标准类型、标准函数、标准过程、标准常量以及虚符号(Dummy Symbol)都登记在这张表中。整个编译程序只有一张系统符号表。

· 全局符号表(Global Symbol Table)。所有全局标识符,即用户定义在最外层的符号都登记在这张表中。整个编译程序也只有一张全局符号表。

· 局部符号表(Local Symbol Table)。在一个函数或过程内部定义的所有符号都登记在该函数或过程的局部符号表。源程序有多少函数或者过程(主程序除外),在编译时就会产生多少张局部符号表。

下面的程序就有如图 4.7 所示的符号表组织方式。任何一张符号表中的标识符的作用域正是以该符号表为根的子树,这与作用域规则完全吻合。例如在 a2 中定义的某标识符,它的作用域是 a2,bl,b2,b3,c1,而它们恰好构成了以 a2 为根的树。

```
Program p;
    function a1;
    function a2;
        procedure b1;
        procedure b2;
        procedure b3;
            function c1;
    procedure a3;
```

(2)物理上的组织—　堆栈和队列的混合结构:上面的表结构只是在逻辑上表达的方式,在实际的程序设计中,并没有真正在物理意义上构造这些广义表结构,因为实现这样的结构所花的代价远大于它能够带来的效率和性能的提高。在实现中,采用了堆栈和队列的混合结构,即维护一个先进后出的堆栈 Symtab_Stack 和一个先进先出的队列 Symtab_Queue,并制定如下的规则。

· 堆栈的操作只有两个:压栈(Push)和弹栈(Pop),队列的操作也只有两个:进队

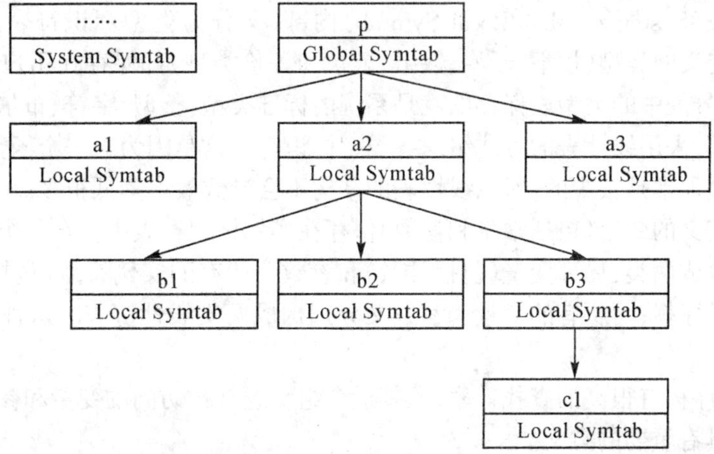

图 4.7　程序的符号表外部组织方式

(Enter)和离队(Leave)。以上的操作均与数据结构中的定义一致。

· 当开始分析一个函数或过程的定义时,同时生成一个符号表,并把其压入堆栈。

· 当结束对一个函数或过程定义的分析时,弹出栈顶的符号表,并将其加入队列末尾。

· 在所有分析完成后,按从头到尾的顺序访问队列,便可生成所有函数的定义代码,并且保证正确的定义层次。

上面定义的操作规则实际上意味着当前正在被分析的函数或过程必然就是栈顶的符号表,而弹栈的顺序也就是代码生成的顺序;另一方面,任何一个符号的作用域就是从栈顶到该符号所属符号表的全部堆栈元素。换句话说,查找一个符号,只需从栈顶出发向下顺序查找每一张符号表,第一个找到的符号就是了。这种组织方式正确体现了分程序结构和作用域规则,有效地缩小了查找范围,提高了符号表的效率。

对于上面的程序,在分析过程中其堆栈和队列的状态变化见表 4.1。可见,这种物理上的组织方式与逻辑上的组织方式是一致的,但其实现的代价要小得多。

表 4.1 堆栈示意

分析点	[栈底] 堆栈	[队尾] 队列 [队首]
p	$ p	
a1	$ p a1	
a2	$ p a2	a1
b1	$ p a2 b1	a1
b2	$ p a2 b2	b1 a1
b3	$ p a2 b3	b2 b1 a1
c1	$ p a2 b3 c1	b2 b1 a1
a3	$ p a3	a2 b3 c1 b2 b1 a1
结束	$	p a3 a2 b3 c1 b2 b1 a1

2. 符号表的内部组织方式——二叉树和线性表的混合结构、实例表与类型表的相对独立

每个符号表(System/Global/Local Symtab)内部,又分为类型标识符表和实例标识符表。所有用户定义的类型(枚举、子界、数组、记录和等价类型)都保存在用户的类型标识符表内,而系统符号表中的类型表保存的就是系统的标准类型(整型、字符、布尔、浮点)。在类型标识符表内部,采用线性表的方式组织各类型标识符。这是因为对一个函数或过程而言,用户定义的类型通常是很少的,所以线性表的结构不会导致效率降低很多。

所有用户定义的变量(包括常量和参数)保存在实例标识符表中。在一个函数和过程中出现的实例可分成两类:局部变量(包括常量)和参数。所有的实例符号(包括变量和参数)构成一棵二叉排序树;而所有的变量和参数又分别构成两支线性链表。这种组织方式主要出于以下考虑:

(1)二叉排序树有很高的查找效率,尤其适合组织经常被访问的变量和参数。这对于提高符号表效率具有重要的意义。

(2)在一个函数或过程内部不允许有相同名称的符号出现,否则就是重复定义(Duplicate Definition)的错误。而在一个符号加入二叉排序树时,能最快地决定是否有重复定义的标识,因为加入一个结点就是一个比较排序的过程。

(3)遍历线性链表的代价比二叉树(不考虑二叉树退化成链表的情况)要小得多,对于要求访问所有结点的操作,如计算所有变量在堆栈中的偏移量、为所有变量生成定义的代码等,适于通过遍历链表来实现。

(4)参数的声明顺序必须与参数的压栈顺序保持一致,因此要保存参数的声明顺序;但是当标识符加入二叉树时会失去其原始顺序,解决的办法是在分析参数声明时还要把参数加入链表,对参数的访问就是对链表的遍历。

(5)在检验实参与形参的一致性时,也要求按照声明顺序遍历整个参数表。

综上,对于如下的程序段:

```
function f (m, n: integer):integer;
    const
        a = 6;
    var
        i, sum:integer;
...
```

可以构造图 4.8 所示的符号链接形式。对于由用户定义的类型生成的变量实例,还要把该实例与相应的类型标识符链接起来。

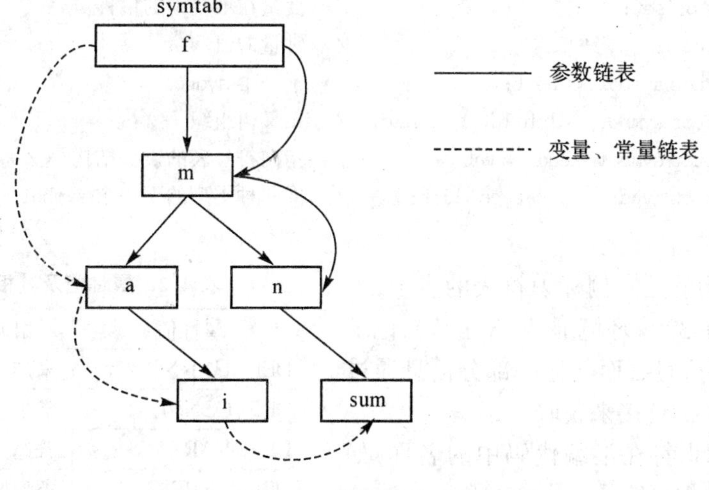

图 4.8　符号链接形式

4.3.2　符号表的具体实现

符号表的实现遵循了前面所述的设计思想,符号表模块(symtab.c,types)主要提供了数据结构的定义和符号表的初始化、增删表项、查找表项、设置属性值等基本操作。而符号表之间的链接、数据的修改等其他操作将在代码生成模块中进行。

1.value 结构(保存常量的值)(在 symtab.h 中定义)

```
union value_{
    char c;
```

```
    char * s;
    int i;
    float f;
    boolean b;
    long l;
    unsigned long u;
    long double d;
    void * p;
    void ( * g)(void);
};
```

2. symbol 结构

```
struct symbol_
{
    char name[NAME_LEN];                  /* 标识符名称 */
    char rname[LABEL_LEN];                /* 标识符在汇编代码中的名称 */
    int defn;                             /* 标识符的属性 */
    /* int type; */
    Type type;                            /* 标识符的类型 */
    int offset;                           /* 变量在堆栈中的偏移量 */
    value v;                              /* 常量的值 */
    struct symbol_ * next;                /* 下一个 symbol */
    struct symbol_ * lchild, * rchild;    /* 二叉树组织 */
    struct symbol_head_ * tab;            /* 指向符号表的表头结构 */
    struct type_       * type_link;       /* 同一种类型的下一个 symbol */
};
```

symbol 结构就是实例标识符表的表项，大小为 62 字节(在 32 位环境下是 78 字节)，记录了实例的大部分信息，而其他一部分信息通过 tab 和 type_link 的链接来获取。

rname 是标识符在汇编代码中的名称，如 sum 在汇编代码中可能是 vs_005 等。

defn 域记录符号的属性，在 symtab 结构中也用到。defn 的取值如表 4.2 所示。

type 域与 type_link 域相结合表达一个标识符的类型特征。当 type 域表达的是一个基本类型时，就不必查找 type_link 域了；如果 type 域表达的是一个用户类型时，则通过 type_link 查找相关类型的信息。由于在程序中基本类型的符号占大多数，因此这种设计有利于提高数据访问的效率。

表 4.2 属性值及其相关符号

属性值	相关符号的属性
DEF_UNKNOWN	未定义标识
DEF_CONST	常量
DEF_VAR	普通变量
DEF_TYPE	类型标识
DEF_ELEMENT	枚举、子界的元素
DEF_FIELD	记录的域
DEF_FUNCT	函数标识
DEF_PROC	过程标识
DEF_PROG	程序标识
DEF_VALPARA	值参
DEF_VARPARA	变参

有关符号表结构的一些基本操作在 symtab. c 中,具体内容也可参见第 8 章。

3. type 结构(类型表的表项)

```
typedef struct type_{
char name[NAME_LEN];              /* 类型的名称 */
int type_id;                      /* 类型的序号 */
int num_ele;                      /* 结构类型中元素的个数 */
int size;                         /* 类型的字节数 */
int align;                        /* 对齐字节数 */
symbol *first;                    /* 结构类型中第一个元素 */
symbol *last;                     /* 结构类型中最后一个元素 */
struct type_ *next;               /* 组织类型标识符的链表的域 */
} type;
```

type 结构就是类型标识符表的表项,大小为 44 字节(在 32 位环境下是 56 字节),记录了类型的所有信息。type_id 域记录了类型的特征序号,它的取值是:

TYPE_UNKNOWN TYPE_VOID TYPE_INTEGER TYPE_CHAR TYPE_REAL

TYPE_BOOLEAN TYPE_ENUM TYPE_SUBRANGE TYPE_ARRAY TYPE_RECORD TYPE_STRING TYPE_POINT。

num_ele 域记录了枚举、子界、数组、记录类型中元素的个数。

first 和 last 域记录结构类型中各元素的信息。对于枚举和记录,枚举中的所有元素或者记录中的所有域按照声明顺序组成链表,first 和 last 分别指向链首和链尾。对于数组类型,first 域指向下标类型的第一个元素,即下标的下限值。last 域指向一个虚符号,而这个虚符号的类型就是元素类型。例如数组定义:string = array [1..8] of char 可生成如图 4.9 所示的结构。对于子界类型,first 域和 1ast 域分别指向子界的上下限符号。

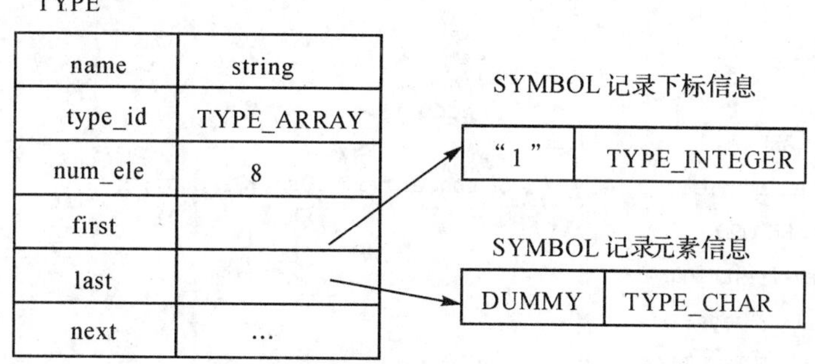

图 4.9 数组类型的结构

有关 type 结构的基本操作定义在 type.c 中,具体内容也可参见第 8 章。

4. symtab 结构(符号表的表头)

```
struct symbol_head_{
    char      name[NAME_LEN];        /* 符号表的名称,即过程或函数的名称 */
    char      rname[LABEL_LEN];      /* 过程或函数在汇编代码中的名称 */
    int       id;                    /* 过程或函数的序号 */
```

```
    int       level;                      /* 嵌套层次 */
    int       defn;                       /* 属性值(PROG, FUNCT, PROC 之一) */
    int       type;                       /* 过程或函数的返问值(过程返回 TYPE_VOID) */
    int       local_size;                 /* 局部变量的总字节数 */
    int       args_size;                  /* 参数的总字节数 */
    symbol    *args;                      /* 参数链表 */
    symbol    *locals;                    /* 局部变量链表 */
    symbol    *localtab;                  /* 局部符号表(包括参数和变量),二叉树的根 */
    type      *type_link;                 /* 过程或函数返回返回值的类型链接 */
    struct    _symbol_head_ *parent;      /* 链接上一层符号表,即父辈函数过程的定义 */
};
typedef struct symbol_head symtab;
```

symtab 就是符号表表头的结构,大小是 64 字节(32 位环境下是 86 字节)。

rname 是过程或函数在汇编代码中的名称,如过程 Initialize 可能会成为:rtn001,但主程序在汇编代码中的名称始终是_main。

id 是过程或函数的序号,每一个过程或函数的序号都不相同,这个序号也是为语句编制标号的重要数据。

local_size 和 args_size 是用于构造子程序调用帧的参数,分别是局部变量和参数的字节数。

args,locals,localtab 是前面提到的参数链表、变量链表、局部标识符二叉树的入口。

有关 symtab 结构的基本操作定义在 symtab.c 中,具体内容也可参加第 8 章。

5. 符表号内部各结构的连接(示例)

下面的例子是一段程序头,用来说明所生成的符号表。

```
FUNCTION Test (INT a_this,CHAR a_that): CHAR;
CONST
c_max = 4096;
TYPE
    string = ARRAY [1..8] OF CHAR;
    days = (e_mon, e_tue, e_wed , e_thu,e_fri, e_sat, e_sun);
    worker = RECORD
        f_name : string;
        f_duty : days;
        f_id : INTEGER
        END;
VAR
  v_name: string;
  v_count: INTEGER;
  v_who: worker;
```

符号表内部各结构的连接见图 4.10。

生成符号表过程的说明:

(1) 对函数 Test,首先创建表头 symtab,设置有关属性后,再创建一个函数 Test 的

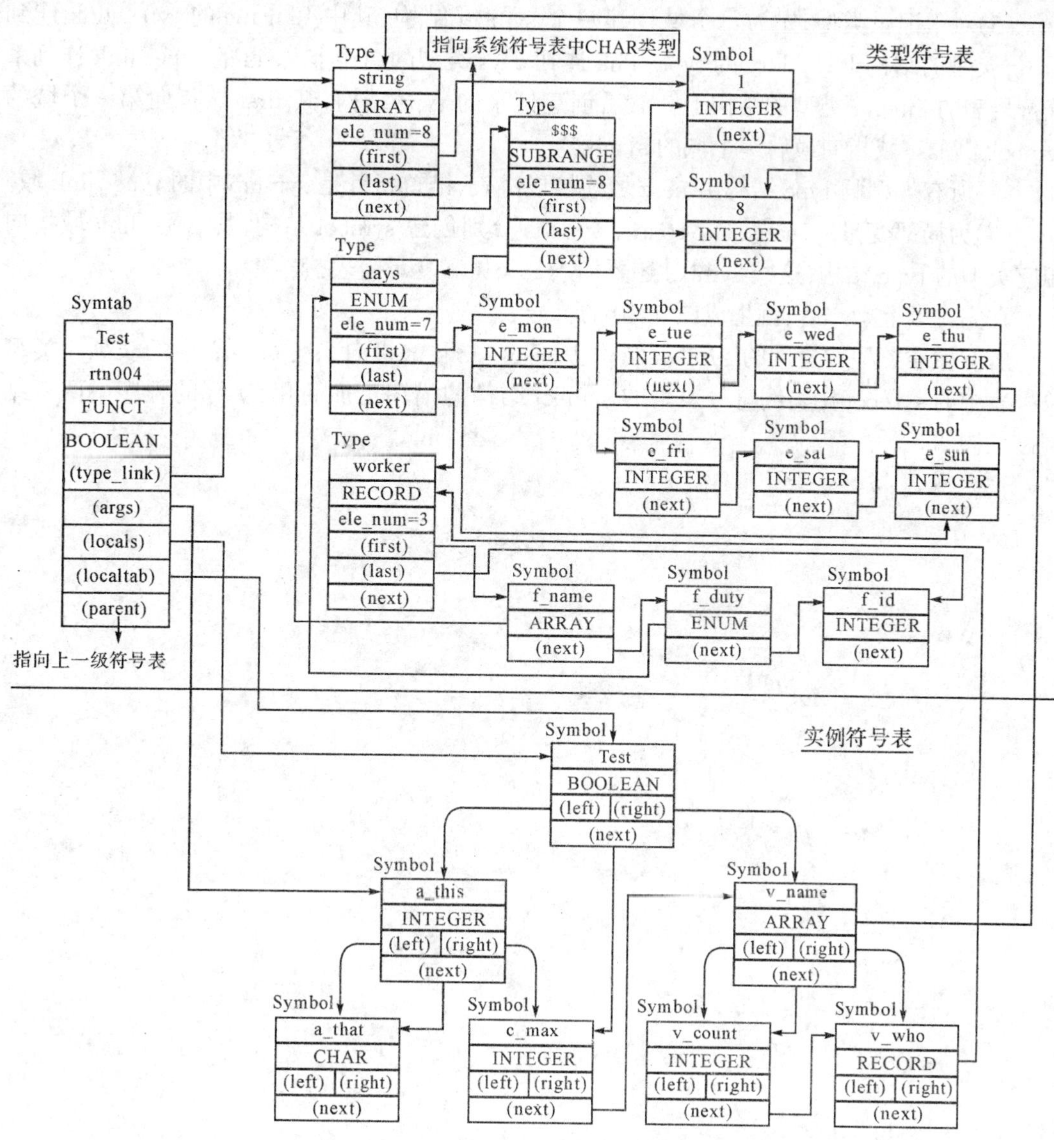

图 4.10 符表号内部各结构的链接示例

symbol 结构,并设置相同的属性值;把这个 symbol 结构加入 localtab 指向的二叉树,并加入 locals 的变量链表。

(2)为参数 a_this, a_that 生成两个相应的 symbol 结构,加入 localtab 指向的二叉树,并加入 args 指向的参数链表。为常数 c_max 生成 symbol 结构,加入二叉树和变量链表。

(3)分析数组类型,首先为下标生成一个匿名子界类型的 type 结构,包含上界和下界两个 symbol 结构,然后生成数组类型的 type 结构,其 first 域指向下界的 symbol 结构;由于元素类型是标准类型 char,所以 last 域指向系统符号表中 char 类型的结构。

(4)对于枚举类型,为每个枚举元素创建一个 symbol 结构,并把这些元素联结成链表,然后创建枚举的 type 结构,其 first 域指向第一个元素的 symbol,其 last 域指向最后一个 symbol。

(5)对于记录类型,先为每个域创建一个 symbol 结构,其中 f_name 的 type_link 连到 string 类型的结构上,f_duty 的 type_link 连到 days 类型的结构上,f_id 的 type_link 连到系统符号表的 integer 类型的结构上。然后创建记录的 type 结构,其 first 域指向第一个域的 symbol,其 last 域指向最后一个域的 symbol。

(6)所有类型的 type 结构由 next 域连接成链表,链首指针是 symtab 中的 type_link 域。

(7)为局部变量 v_name, v_count, v_who 分别创建 symbol 结构,其 type_link 域指向相应类型的 type 结构,这些 symbol 还要加入二叉树和变量链表。

在完成以上操作后,就生成图 4.10 的符号表。

所有标准类型的变量的 symbol 结构中,type_link 都指向系统符号表中的表项。类型符号表中的 symbol 比实例符号表中的 symbol 结构的描述更加简化,实际的程序中两者结构是相同的。

第5章 错误处理

错误处理是衡量一个编译器好坏的一个重要方面。错误处理适当,可使程序员迅速发现错误所在和错误原因,从而减少花在改正错误上面的时间。错误处理也是一个不断发展的问题,很多错误检测和恢复技术方兴未艾。

本章讨论错误处理在各个阶段的基本原理和实现过程,包括在词法分析、语法分析、语义分析等过程中发现错误和处理错误的方法以及实现过程。

本章还将讨论错误处理的一些基本技术,如错误恢复、限制错误的重复报告等,其中错误恢复技术将在YACC中用错误产生式的方法实现。

5.1 错误处理基本原理

错误处理的数据结构比较简单,除了要用到的语法树之外,还需要一些变量来记录错误的数量、当前错误的位置等。

错误处理的实现分为词法分析、语法分析和语义分析三阶段来进行:词法分析的错误处理主要定义错误处理过程,并在LEX中完成;语法分析和语义分析的错误处理则由YACC来执行。根据各类语法错误和语义错误,必须定义其处理过程,然后放在输入文件里,包括用于错误恢复的错误产生式。

错误处理的总体框架如图5.1所示。

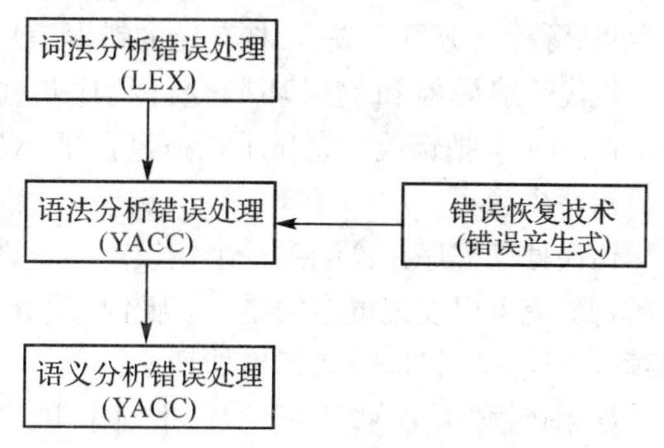

图5.1 错误处理框架

编译器的一个最为重要的功能是其对源程序中错误的反应。几乎在编译的每一个阶段中都可以诊察出错误来。这些静态错误(static error)或称为编译时(compile-time)的错误必须由编译器来报告,因此,编译器能够生成有意义的出错信息并在每一个错误之后恢复编译是非常重要的。也就是说,编译器不能因为有错误的出现而使编译工作停止。

语法分析器错误处理程序的主要任务是:使编译器准确、清晰地报告错误的出现,包括错误的类型、错误发生的位置以及其他相关的信息;快速从错误中恢复过来,继续检查后面的错误;有效缩短错误检测时间,否则会影响处理正确程序的速度。

要有效地实现这些目标并不是一件容易的事情。对于一些简单错误,用相对简单的错误处理机制就足以处理这些错误;但是某些情况下,错误处理程序需要猜测程序员的意图,这使得错误处理更复杂。

5.1.1 错误的种类

在程序编译的各个阶段都可能发现错误。在词法分析中可能发现字符拼写错误;在语法分析阶段会检查出单词串违反语言的结构规则的错误;在语义分析中,编译程序进一步查出语法上虽正确但含有无意义的操作的成分,如两个标识符相加,一个是数组名,一个是过程名,虽然语法上允许,但语义上不允许。以下是在编译器的各个阶段发生的一些错误:

词法错误:如标识符、关键字或者操作符的拼写错误。

语法错误:如算术表达式的括号不配对。

语义错误:如操作符作用于不相容的操作数。

逻辑错误:比如无限的递归调用。

从统计结果看,大部分错误都是语法错误和语义错误。

在词法分析阶段,由于不能从全局角度考察程序,违反语言的语法规则的标记流的错误并不能被发现。加之发生的错误多是语法错误,因此源程序的多数错误诊断和恢复都集中在语法分析阶段。

5.1.2 错误的诊察和报告

错误的诊察能力和错误报告也是衡量一个编译器好坏的一个重要方面,好的错误恢复机制和准确的错误信息能帮助程序员尽快改正错误。

错误的报告方式一般有两种:发现错误立即打印或者显示出来;分析完整个程序后再显示错误信息。多数行编译器采取前者报告错误;采取这种报告方式,需要将错误信息保存在内存里,源程序分析完成后,将存储的错误信息一次打印或者显示出来。

现代的编译器和集成环境允许程序员浏览错误时指向发现错误的地方,如微软的 Visual C++ 会把错误信息显示在信息框里,双击一个错误,编辑器会在发现错误的程序行上显示一个箭头。

错误处理程序在检测到一个错误就停止进行编译是一种不好的策略,因为继续处理输入的符号流可以发现更多的错误。此时,编译分析器应当试图将自己调整恢复到某一状态,继续分析输入字符串或者正确处理该错误。

如果错误"恢复"得不好,会带来副作用,产生很多"伪"错误,这些错误不是程序员的程序引起的,而是由于错误恢复改变了分析器的状态而引起的。有些语法伪错误可以在语义分析阶段检查出来,比如某个变量 lost 的申明可能在错误恢复时被跳过,在后面的表达式中使用到变量 lost 时,在语法上并没有错误,但在符号表中没有该变量的表项,会产生一个"lost 没有定义"的错误报告信息。

检测到错误后,出错处理程序应该报告以下信息:首先,它应该尽量指出错误发生在源程序里的位置,也许具体位置并不是很确定,但至少可以报告检测到程序哪一行时发现了该错误。另外,尽量给出正确的诊断信息也是错误处理程序应该做的,尽管有时出错原因并不能确定。

5.1.3　错误处理技术

1. 错误恢复策略

在词法分析阶段，如果当前输入字符不能和任何记号的模式匹配，不能继续词法分析时，最简单的恢复策略是“紧急方式”，即一直删当前输入字符，直到发现一个能匹配的字符为止。其他的错误恢复动作包括：删除一个多余的字符；插入一个遗漏的字符；用一个正确的字符代替一个不正确的字符；交换两个相邻的字符。

以上这些动作是基于这样的假设：大多数词法错误是多、漏或错了一个字符或者相邻的两个字符错位的结果。这些动作可以用于对输入错误的修补，看看剩下的输入能否通过上述的动作使得其前缀成为一个合法的字符串。

在语法分析阶段，语法分析器可以采用以下策略来恢复错误。

(1) “紧急方式”恢复错误。这是最容易实现的方法，可以用于大多数语法分析方法。发现错误后，分析器继续扫描记号流，跳过这些记号直到发现一个定界符类的符号，如分号或者 end。该方法比较简单，不会陷入死循环，适用一个语句中的错误较少时的情况。

(2) 短语级恢复错误。发现错误时，分析器对剩余的输入字符串做局部纠正，即用一个能使语法分析器继续工作的字符串来代替剩余输入的前缀。常用的局部纠正包括用分号代替逗号、删除多余的分号或者插入遗漏的分号。编译器的设计者必须慎重选择替换字符串，避免发生死循环。这个方法的一个缺陷是难以处理实际错误出现在诊断点之前的情况。

(3) 出错产生式策略。这个策略是扩充语言的文法，增加产生错误结构的产生式。然后用由这些错误产生式的文法构造语法分析器。当有错误发生时，分析器将会使用出错产生式对应的语法处理程序进行处理，产生适当的错误诊断信息，并指出错误结构。

(4) 全局纠正策略。一些算法可以选择最小的修改序列，以获得全局代价最小的错误纠正。如果给定错误输入串 x 和文法 G，这些算法会发现所对应的正确输入 y 的一棵分析树，这样可以使用最少的符号插入、删除和修改操作把 x 变换成正确的输入字符串 y。但是实现这些算法的时间和空间开销太大，离实用阶段还相去甚远。

在语义检查阶段，也需要类似的错误恢复机制以便检查出更多的错误。比如在进行类型检查时，编译器除了能够报告错误的性质和位置外，类型检查器还须有从错误中恢复的能力，完成对剩下的输入的类型检查。同样，错误恢复会影响类型检查的规则，所以必须从一开始将错误恢复正确地设计在类型检查系统的规则中。比如由于语法分析原因跳过了变量申明，从而导致该变量没有定义的错误，就必须使用类似于不必申明就可以使用标识符的规则。

2. LR 语法分析中的错误恢复

在 LR 分析过程中，当编译器处在这样一种状态下：输入符号既不能移入栈顶，栈内符号串又不能归约，就意味着发现语法错误。发现错误后，便进入相应的出错处理子程序。处理的方法分为两类：第一类即使用插入、删除或修改的办法，如在语句“a[1,2:=3.14;”中需插入一个符号“]”。如果不可能使用这种方法，则采用第二类方法，即在检查到某一不合适的短语时，不与任一非终结符可能推导出的符号串相匹配。如语句 if x>k+2 then go 10 else k is 2；由于把保留字 goto 误写成 go，校正程序试图改成 goto，但后面还有错误（将“:=”

误为“is”),故放弃将 go 换为 goto。校正子程序在此种情况下,将 go 跳过,作为非法语句看待。这种方法试图将含有语法错误的短语局部化,分析程序认定含有错误的符号串是由某一非终结符 A 所推导出的。此时,该符号串的一部分已经处理,处理的结果反映在栈顶部一系列状态中,剩下的未处理符号仍在输入串中。分析程序跳过这些剩余符号,直至找到一个符号 a,它能合法地跟在 A 的后面。同时,要把栈顶的内容逐个移去,直至找到某一状态 s,该状态与 A 有一个对应的新状态 GOTO[s,A],并将该新状态下推入栈。这样,分析程序就认为它已找到 A 的某个匹配并已将它局部化,然后恢复正常的分析过程。

利用第二种方法,可以以语句为单位进行处理,也可以把跳过的范围缩小。例如,在“if”后面的表达式中遇到某一错误,分析程序可跳至下一个输入符号“then”而不是“;”或“end”。在分析表的每一空项内,可以填入一个指示器,指向特定的出错处理子程序。第一类错误的处理一般采用插入、删除或修改的办法,但要注意不能从栈内移去任何状态,它代表已成功地分析了的程序中的某一成分。

例 5-1 语法如公式(5.1),表 5.1 是该文法的 LR 分析表,它能识别该文法所定义的语言。

$$\begin{array}{ll} (1)E\rightarrow E+E & (3)E\rightarrow(E) \\ (2)E\rightarrow E*E & (4)E\rightarrow i \end{array} \tag{5.1}$$

考虑了运算的优先级和结合律后,该文法的 LR 分析表如表 5.1 所示。

表 5.1 LR 分析表

状态	ACTION						GOTO
	i	+	*	(	)	#	E
0	s3			s2			1
1		s4	s5			acc	
2	s3			s2			6
3		r4	r4		r4	r4	
4	s3			s2			7
5	s3			s2			8
6		s4	s5		s9		
7		r1	s5		r1	r1	
8		r2	r2		r2	r2	
9		r3	r3		r3	r3	

表中某些状态(如状态 8,9 等)遇到某些输入符号就进行特定的某种归约(如状态 8 为 r2,状态 9 为 r3);遇到不合法的输入符号时,本应转向对应的出错处理子程序,但在一般情况下会首先进行相同的归约,这样就缩减了分析表所占的空间,也减少了某些状态下所需的判断工作(如状态 8 不管任何输入情况都先进行规约)。当然,如果有错,虽然先进行了某些归纳,但在移入下一输入符号之前,错误还将被发现,只是发现的时间推迟了。添加错误处理子程序后的 LR 分析表如表 5.2 所示。

表 5.2 LR 分析表(包含出错处理子程序)

状态	ACTION						GOTO
	i	+	*	(	)	#	E
0	s3	e1	e1	s2	e2	e1	1
1	e3	s4	s5	e3	e2	acc	
2	s3	e1	e1	s2	e2	e1	6
3	r4	r4	r4	r4	r4	r4	
4	s3	e1	e1	s2	e2	e1	7
5	s3	e1	e1	s2	e2	e1	8
6	e3	s4	s5	e3	s9	e4	
7	r1	r1	s5	r1	r1	r1	
8	r2	r2	r2	r2	r2	r2	
9	r3	r3	r3	r3	r3	r3	

表 5.2 中各个错误诊察子程序的工作是:

e1:处在状态 0,2,4,5 时,正确的输入符号为代表运算量的字符,如 i 或左括号。当遇到"+"、"*"或"#"等,调用此程序。将一假 i 置于栈内,并将状态 3 移入堆栈;给出错误信息:"缺少运算量"。

e2:当处在状态 0,1,2,4,5 而遇到右括号时,调用此程序。将下一输入符号(右括号)删除;给出错误信息:"右括号不匹配"。

e3:处在状态 1 或 6 时,要求输入符号为运算符,但当遇到 i 或左括号时,调用此程序。将"+"移入栈顶,并将状态 4 压入堆栈;给出错误信息:"缺少运算符"。

e4:当处在状态 6 时,要求输入符号为运算符或右括号,但此时遇到#,调用此程序。将")"移入栈顶,并将状态 9 压入堆栈;给出错误信息:"缺少右括号"。

现在,我们假设输入符号串为 i+)。采用本方法进行处理,其过程如表 5.3 所示。

表 5.3 过程图

	状态	已归约串	输入串	附注
1	0	#	i+)#	
2	03	#i	+)#	
3	01	#E	+)#	
4	014	#E+	)#	
5	014	#E+	#	/* 右括号由 e2 子程序删除 */
6	0143	#E+i	#	/* e1 子程序将 i 压入栈内 */
7	0147	#E+E	#	
8	01	#E	#	/* 分析完毕 */

前面讨论的只是很简单的情况。一个可投入实际运行的LR分析程序,需要考虑许多更为复杂的情形。例如,当处在某一状态下遇到各种不合法的符号时,错误诊察子程序需要向前查看几个符号,根据所查看的符号才能确定应采取哪一种处理办法。又如前已述及,分析表中有些状态在遇到不合法的输入符号时,不是立即转到错误诊察子程序,而是进行某些归约,这不仅推迟了发现错误的时间;而且往往会带来一些处理上的困难。

试研究下面的一输入符号串:

```
a: = b? c];
```

这里以"?"表示在b与c之间有某个错误。如果分析程序遇到"a: = b"而不向前多看几个符号,它就会把"a: = b"先归纳成语句,而后就再没有机会通过简单地插入符号"["进行修补了。但是,即使采用向前查看的办法,查看的符号也不能太多,否则会使分析表变得过分庞大。应该找出一种切实可行的办法,使得在确定处理出错办法时能够参考一些语义信息,以便在向前查看几个符号时,可以避免作出有时从语法上看是正确的,然而却是无意义的校正这一情况。例如,语句a[1,2: = 3.14;中,标识符"a"是一个数组标识符,这一语义信息将导致插入符号"]",从而有效地纠正了错误。

3. 错误局部化处理

编译器发现错误后,应该尽可能将错误限制在一个较小的局部范围内,这样能避免错误扩散以及影响编译器对后续源代码的分析,这就是所谓的错误局部化处理。实现错误的局部化一般使用前面所讲的紧急恢复策略,当编译器诊察出错误后,就跳过错误所在的语法单位,继续分析后续程序。

编译器的错误局部化处理使得它不会因为发现一个错误后停止对程序的分析。

4. 限制重复报告错误

同样的错误有可能在程序中出现多次,比如一个变量没有声明就在表达式中使用了,在每次用到该变量时分析器都会发现它没有定义,都报告"该标识符未定义"的错误信息。但实际上,对于程序员来说,这些错误指出一次就够了。

这一类错误的限制重复报告比较容易实现。只要建立一张错误标识符表,在发现错误的标识符后,立即查询该错误表,如果表中标识符名字相同而且错误性质相同,就不再报告该错误信息。

5.1.4 错误处理实现中的要点

错误处理在实现时有以下一些要点需要注意。

词法的错误处理:词法的错误处理比较简单,一旦期望的符号没有遇到,就显示一个错误。错误处理的代码包含在LEX的输入文件里。

语法的错误处理:语法的错误处理包括简单的语法错误,如类型未申明,以及错误恢复,在本章中,我们用错误产生式来实现错误恢复,在碰到错误的输入符号时,试图和先定义好的错误产生式进行匹配,如果匹配上,则执行相应的操作。这些错误产生式定义在YACC的输入文件中。

语义的错误检查:如类型检查等。语义的错误检查在对语法树的遍历时进行,如果发生不符合语义规则的情况,则进行相应的错误处理操作。

限制重复报告错误：有些错误比如变量未申明，只要报告一次就可以了。可以在第一次发现这些错误时记录这些信息，下次发现相同的错误时就不再报告了。

5.2 错误处理的实现

5.2.1 错误处理数据结构定义和相关函数

错误处理的一些数据结构相对来说比较简单，相关处理函数包含在 error.c 和 error.h 中。

变量 error_count 记录错误的总个数，包括警告错误和致命错误，warn_count 则记录了警告错误的个数。

```
int error_count = 0;
int warn_count = 0;
...
```

变量 line_no 用来记录当前发现错误时分析器所分析的行号：

```
int line_no;
...
```

错误处理实现主要包括以下相关函数，供 LEX 和 YACC 调用。

```
void print_result(char * fname);
int err_occur();
void internal_error(char * info);
void parse_error(char * info, char * name);
void lex_error(char * info);
void yyerror(char * info);
```

这些函数说明：

宏定义

```
#define ERROR_SUCCESS                (0)
```

表示无错误。

函数 parse_error( )是显示错误信息的函数，当编译器发现错误时，就调用该函数在指定设备(显示设备或者磁盘文件)上显示错误信息。该函数包括两个参数 info 和 name 分别表示错误信息以及错误名称。

```
void parse_error(char * info, char * name)
{

    fprintf(errfp, "\nError at line %d:\n", line_no);
    fprintf(errfp, "%s\n", line_buf);
    print_pos(errfp);

```

```
    fprintf(stderr, "\nError at line %d: \n", line_no);
    fprintf(stderr, "%s\n", line_buf);
    print_pos(stderr);

    if (*name)
    {
        fprintf(errfp, " : %s %s", info, name);
        fprintf(stderr, " : %s %s", info, name);

            snprintf(ebuf[error_count++], sizeof(ebuf[error_count++]) - 1, "\nError (%d) : %s'%s",
            line_no, info, name);
    }
    else
    {
        fprintf(errfp, " : %s \n", info);
        fprintf(stderr, " : %s \n", info);

            snprintf(ebuf[error_count++], sizeof(ebuf[error_count++]) - 1 ,"Error (%d) : %s\n",
            line_no, info);
    }

    if (error_count >= MAX_ERR)
    {
        clear();
        print_result(pasname);
        exit(1);
    }
}
```

函数 internal_error( )是用于显示编译器本身内部错误,比如在进行语法分析时内部堆栈溢出。

```
void internal_error(char * info)
{

    sprintf(ebuf[error_count++], "Internal Error %s\n", info);
    fprintf(errfp, "Internal Error (%d): %s\n", line_no, info);

    if (error_count >= MAX_ERR)
    {
        clear();
        print_result(pasname);
```

```
        exit(0);
    }
}
```

函数 lex_error()由词法分析器调用显示词法分析错误,yyerror()则由语法分析器调用,这两个函数内部都调用了函数 parse_error()。

```
void lex_error(char * info)
{

    fprintf(errfp, "\nError at line %d:\n", line_no);
    fprintf(errfp, "%s\n", line_buf);
    print_pos(errfp);

    fprintf(stderr, "\nError at line %d:\n", line_no);
    fprintf(stderr, "%s\n", line_buf);
    print_pos(stderr);

    snprintf(ebuf[error_count++], sizeof(ebuf[error_count++]) - 1, ": %s", info);
    fprintf(errfp, "\nError (%d) : %s", line_no, info);
    fprintf(stderr, "\nError (%d) : %s", line_no, info);
}

void yyerror(char * info)
{
    parse_error(info,"");
}
```

其他的辅助函数包括 print_result()显示最终结果,error_occur()返回错误个数。

```
void print_result(char * fname)
{
    printf("\n%s : %d lines, %d errors.\n",
        fname, line_no, error_count);

    if (! error_count)
      printf("OK! \n\n");
}

int err_occur( )
{
    return error_count;
}
```

5.2.2 词法错误处理

词法分析由 LEX 完成,所有错误处理在 LEX 的输入文件 spl.l 中。在实现上,一旦所期望的符号没有遇到,直到文件结束都没有碰到,就显示一个错误。以下是 spl.l 中的错误处理代码部分。

```
"{"                 {
                        int c;

                        /* DUMP_SOURCE */

                        while ((c = input()))
                        {
                            if (c == '}')
                            {
                                break;
                            }
                            else if (c == '\n')
                            {
                                line_no ++;
                            }
                        }

                        if (c == EOF)
                            parse_error("Unexpected EOF.","");
                    }
```

5.2.3 语法错误

1. 简单语法错误

在语法分析中,有一些简单错误,如变量未申明,在 YACC 的输入文件 spl.y 中的语义动作中加入显示错误信息的语句即可。

(1) 类型未申明错误:

```
simple_type_decl
:SYS_TYPE
{
        pt = find_type_by_name($1);
        if(!pt)
            parse_error("Undeclared type name", $1);
        $$ = pt;
}
|yNAME
{
        pt = find_type_by_name($1);
        if (!pt)
        {
```

```
            parse_error("Undeclared type name", $1);
            return 0;
        }
        $$ = pt;
}
```

(2) 域名未申明错误:

```
        q = find_field(p, $3);
        if(! q || q->defn ! = DEF_FIELD){
            parse_error("Undeclared field", $3);
            return 0;
        }
```

2. 错误产生式和错误恢复

SPL语言的语法分析器是由语法分析器的生成器YACC来构造的。YACC可以使用出错产生式的形式进行错误恢复。

首先,要由用户决定哪些非终结符会与错误恢复有关,比如用于表示表达式、语句、程序块和过程的非终结符。

其次,用户要把 $A \rightarrow \text{error}\ \alpha$ 的出错产生式加到文法中。其中,A 是用户选择的"主要"非终结符,error是YACC保留字,α 是文法符号串,可能为空串。当 α 为空串时,立即归约为 A 并执行错误产生式的语义动作,语法分析器丢弃一些符号,直到发现一个能恢复正常处理的输入符号。如果 α 非空,YACC继续分析输入串,找到能归约为 α 的子串,再把error α 归约为 A 后,恢复正常语法分析。

例如出错产生式:stmt→error;使分析器看见错误时跳过到下一个分号。只需再定义一个语义例程来产生诊断信息,并设置禁止生成目标代码的标记。

```
|yNAME
{
    p = new_symbol($1, DEF_UNKNOWN, TYPE_UNKNOWN);
    $$ = p;
}
|yNAME error oSEMI
|yNAME error oCOMMA
;
```

出错产生式:if_stmt→if error then stmts 使分析器在if语句中看见错误后跳到关键词then,然后继续分析。

```
if_stmt
:kIF
{
#ifdef GENERATE_AST
    push_lbl_stack(if_label_count++);
#endif
```

```
}
expression kTHEN
{

}
|kIF error
{
        printf("expression expected. \n");
}
kTHEN
{
        printf("then matched. \n");
}
```

例 5-2 下面为用户输入的一个带有错误的 SPL 语言程序：

```
1: program hello ();
2: var
3:     a,b: integer;
4:     int abc,;
5:
6: begin
7:     if abc ; then a := 0
8:     else a := 1;
9:
10:     if a = 0 then b := 0;
11:     else b := 1;
12:
13:     writeln('hello, SPL.');
14:end.
```

经过 SPL 语言编译器分析后，显示如下信息：

```
Error at line 1:
program hello (
              ^ : syntax error, unexpected oLP, expecting oSEMI

Error at line 4:
      int abc
              ^ : syntax error, unexpected yNAME, expecting oCOMMA or oCOLON or oRP

Error at line 7:
      if abc ;
              ^ : Undeclard identificr abc
Error at line 7:
```

```
        if abc ;
                    ^ : syntax error, unexpected oSEMI, expecting oGE

Error at line 11:
        else
             ^ : syntax error, unexpected kELSE


test/err.pas : 14 lines,5 errors.
```

5.2.4 语义错误

除了词法和语法错误外，还有语义上的错误需要处理，比如类型不匹配、被除数为零、数组下标越界等。在本课程设计实现上，由于用 YACC 来进行语法分析，语义的错误也在 YACC 的输入文件 spl.y 中体现。以下是部分例子，其中黑体字部分是错误处理动作。

1. 类型匹配错误

```
|const_value oDOTDOT const_value
{
        if($1->type->type_id != $3->type->type_id){
            parse_error("type mismatch","");
            return 0;
        }
```

```
|oMINUS const_value oDOTDOT const_value
{
        if($2->type->type_id != $4->type->type_id){
            parse_error("type mismatch","");
            /* return 0; */
        }
```

2. 操作符错误

```
        else if ($2->type->type_id == TYPE_CHAR)
            parse_error("invalid operator","");
```

3. 调用参数太少

```
|pREAD oLP factor oRP
{
        if(!$3){
            parse_error("too few parameters in call to", "read");
            return 0;
        }
```

4. 变量未申明

```
        q = find_element(top_symtab_stack(), $3);
        if(!q){
```

```
            parse_error("Undeclared identifier", $3);
            install_temporary_symbol($3, DEF_ELEMENT, TYPE_INTEGER);
            /* return 0; */
        }
```

```
        p = find_symbol(top_symtab_stack(), $1);
        if (p == NULL)
        {
            parse_error("Undefined identifier", $1);
            p = install_temporary_symbol($1, DEF_VAR, TYPE_INTEGER);
        }
```

```
            else{
                parse_error("Undeclared identifier.", $1);
            #ifdef GENERATE_AST
              install_temporary_symbol($1, DEF_VAR, $3->result_type->type_id);
            #else
                install_temporary_symbol($1, DEF_VAR, $3);
            #endif
                /* return 0; */
            }
```

```
|yNAME oLB
{
    p = find_symbol(top_symtab_stack(), $1);
    if(! p || p->type->type_id != TYPE_ARRAY){
        parse_error("Undeclared array name", $1);
        return 0;
    }
```

5.2.5 限制重复报告错误

在变量未申明的错误处理代码中,检测到并报告该错误后,将该变量加到一张临时表中,以后发现类似的错误时,由于能从表中找到临时加入的符号,就不再报错了。下面代码中黑体部分,调用 install_temporary_symbol( )函数建立临时符号。

```
        else{
            parse_error("Undeclared identifier.", $1);
        #ifdef GENERATE_AST
              install_temporary_symbol($1, DEF_VAR, $3->result_type->type_id);
        #else
            install_temporary_symbol($1, DEF_VAR, $3);
        #endif
              /* return 0; */
        }
```

第6章 代码生成

代码生成包括中间代码生成与目标代码生成,代码生成器在编译程序中的位置见图6.1。

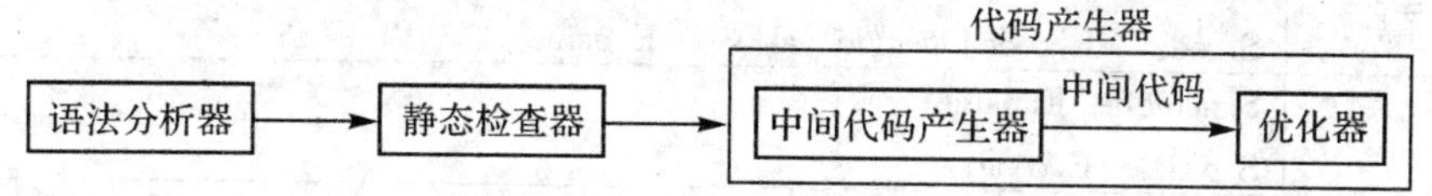

图6.1 代码生成器的位置

代码生成作为编译程序设计的最后一个阶段,主要目标是把源程序的 token 序列变换成中间代码表示,以及从中间代码变换成依赖于具体机器的等价的目标代码。因此,该实验的重点就放在如何转换方面。我们将围绕代码生成技术以及转换的几块核心部分,通过较详细的阐述,结合 SPL 语言的具体代码生成内容展开,目的在于使读者能顺利地掌握这些基本的代码生成技术。

本章首先提出代码生成的实验目标与任务,然后概要介绍代码生成的基本方法与技术,最后给出代码生成程序的实现说明。

6.1 代码生成原理及主要数据结构

本节讨论代码生成的基本原理和方法。

6.1.1 技术概述

代码生成可以被看作是一个属性计算的过程,这类似于静态语义分析中研究的许多属性问题。实际上,假如生成代码被看作一个字符串属性(每条指令用换行符分隔),这个代码就成了一个综合属性,并能用属性文法定义,能在分析期间直接生成或者通过语法树的后序遍历生成。

举一个三地址码被作为综合属性定义来考虑的例子。考虑下边的文法,它代表了C表达式的一个子集。

```
S→id: = E|E
E→E + F|F
F→(E)|num|id
```

这个文法仅包含了两个操作,赋值(=)和加法(+)。记号 id 表示简单标识符,记号 num 表示整数的简单数字序列。这两个记号被假设成有一个预先计算过的 val 属性,它可以是字符串或词(如"12"是 num,"abc"是 id)。

上面这个简单表达式的三地址码属性文法在表 6.1 中给出。其中,我们称代码属性为 code,用 ‖ 表示其间有换行符的串连接。注意三地址码要求为表达式的中间结果生成临时变量名,这就要求属性文法在每个节点中都包括一个新名字属性 name,这个属性也是综合属性的,如果没有为一个内部节点分配一个新产生的临时名,就用 newtemp ( ) 产生一个临时名字系列 t1,t2,t3,…(每次调用 newtemp( )就返回一个新的)。在这个简单例子中,仅对应于 + 的节点需临时名,赋值操作使用右边的表达式的名字。

表 6.1 三地址码作为综合属性的属性文法

产生式	语义规则
S→id: = E	S. name = E. name S. code: = E. code ‖ gen(id. val ′: = ′ E. name);
S→E	S. name: = E. name; S. code: = E. code;
E→E1 + E2	E. name: = newtemp(); E. code: = E1. code ‖ E2. code ‖ gen(E. name ′: = ′ E1. name ′+′ E2. name);
E→F	E. name: = F. name; E. code: = F. code;
F→(E)	F. name: = E. name; F. code: = E. code;
F→num	F. name: = num. val; F. code: = ″;
F→id	F. name: = id. val; F. code: = ″;

按表 6.1 所给出的等式写出表达式(x = x + 3) + 4 的每一步的 code 属性值,这个表达式的 code 属性如下:

```
t1 = x+3
x = t1
t2 = t1+4
```

这里假设 newtemp ( )用后序调用并且产生从 t1 开始的临时名。注意 x = x + 3 是怎样用临时名产生两个三地址指令的。这是属性值总是为每一个子表达式产生一个临时名的结果,它包括了赋值号的右边部分。

将代码生成看成一个字符串属性计算,对于显式表达语法分析过程中各部分代码系列的关系以及比较不同的代码生成方法是很有用的,但它作为真实的代码生成技术是不实际的,这有几个原因:首先,串连接的使用造成了过度的串拷贝因而浪费了内存(除非连接符做得非常复杂);其次,通常希望产生几片代码作为代码产生的收益并且将这几片代码写入一个文件或将它们插入一个数据结构(如四元式数组),这就需要语义动作,而语义动作又不与属性的标准后序综合有牵连;最后,即使将代码看作是纯综合是有用的,但通常的代码生成很大程度上依赖于继承属性,这将使得属性文法大大复杂化。由于这个原因,就不必麻烦再去写出实现前面例子中的属性文法的代码了(即使是伪码)。相反地,将转向更直接的代码生成技术。

标准的代码生成可以通过修改语法树后序遍历的办法来实现。基本算法由下面的递归

过程描述(用于二叉树,但容易将其推广到节点子树多于2的情况):

```
procedure genCode ( T: treenode ) ;
begin
if T is not nil then
    generate code to prepare for code of left child of T;
    genCode (left child of T ) ;
    generate code to prepare for code of right child of T;
    genCode (right child of T ) ;
    generate code to implement the action of T;
end;
```

注意:这个递归遍历过程不仅有一个后序部分(产生实现T动作的代码),而且还有一个前序和一个中序部分(为T的左右子树产生准备代码)。

6.1.2 主要数据结构

在SPL编译器中,我们采用的中间代码是DAG表示。DAG的生成通过树的遍历来完成,其中关键的DAG的节点数据结构定义如下:

```
struct node
{
    short op;                     /* operator code. */
#ifdef DEBUG

    char *op_name;                /* operator name */
#endif

    short count;                  /* reference count */
    Symbol syms[3];               /* related symbols */
    Symtab symtab;                /* related symtab */
    union {
        int          sys_id;          /* system call id */
        struct
        {
            Symbol label;             /* label symbol */
            int true_or_false;    /* true or false when jump to label */
        }
        cond;
    }u;
    Type type;               /* type of this node */
    struct node* kids[2];             /* kids */
    struct node* link;            /* link */
    /* Xnode x; */
};
```

6.2 代码生成的关键要点

为了进一步了解代码生成的实现技术,我们从布尔表达式、条件语句、循环结构、程序调用等若干个 SPL 语言的关键要点出发,分别阐述代码生成的方法。以利于读者更好地掌握代码生成程序的编写方法。

6.2.1 布尔表达式的代码生成

在程序设计语言中,布尔表达式有两个基本的作用:一个是用作计算逻辑值;另一个是用作控制流语句如 if-then、if-then-else 和 while-do 等之中的条件表达式。针对上述两个作用,通常提供了数值表示法和作为条件控制的布尔式这两种方法。

出现在条件语句 if E then S1 else S2 中的布尔表达式 E,它的作用仅在于控制对 S1 和 S2 的选择。只要能完成这一使命,E 的值就无须最终保留在某个临时单元之中。因此,作为转移条件的布尔式 E,我们可以赋予它两种出口。一是真出口,出向 S1;一是假出口,出向 S2。于是该布尔表达式可翻译成如图 6.2 所示的一般形式。

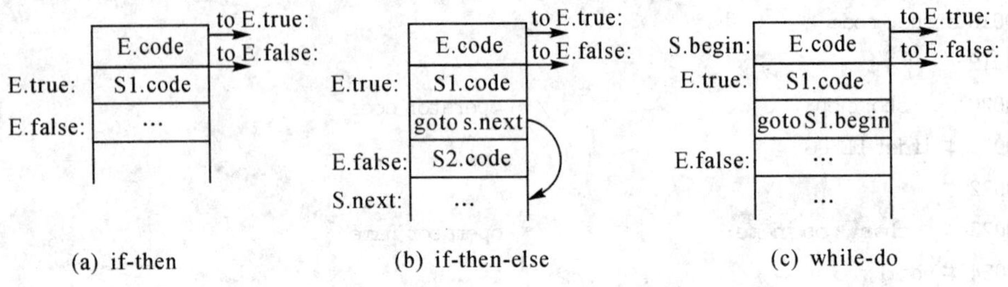

图 6.2 if-then、if-then-else, while-do 语句的代码结构

6.2.2 条件语句的代码生成

考虑 if-then, if-then-else 语句的翻译。文法如下:

```
S->if E then S1 | if E then S1 else S2
```

其中,E 为布尔表达式。

关于 if-then, if-then-else、while-do 这三条语句的代码结构,如图 6.2 所示。条件语句 S 的语法规则允许控制从 S 的代码 S. code 之内转移到紧接 S. code 之后的那一条指令。但是,有时此条紧接 S. code 之后的指令是一条无条件转移指令,它转移到标号为 L 的指令。通过使用继承属性 S. next 可以避免上述连续转移的情况发生,而从 S. code 之内直接转移到标号为 L 的指令。S. next 之值是一个标号,它指出继 S 的代码之后将被执行的第一条指令。

在翻译 if-then 语句 S->if E then S1 时,我们建立了一个新的标号 E. true,并用来标识 S1 的代码的第一条指令,如图 6.2(a)所示。在 E 的代码中将有这样的转移指令:若 E 为真则转移到 E. true,若 E 为假则转移到 S. next。因此我们置 E. false 为 S. next。

在翻译 if-then-else 语句 S->if E then S1 else S2 时,布尔表达式 E 的代码中有这样的转移指令:若 E 为真则转移到 S1 的第一条指令,若 E 为假则转移到 S2 的第一条指令。如

图 6.2(b)所示。与 if-then 语句一样,继承属性 S. next 给出了紧接着 S 的代码之后将被执行的指令的标号。在 S1 的代码之后有一条明显的转移指令 goto S. next。考虑到语句的相互嵌套,S. next 未必是紧跟在 S2. code 之后的那条代码的标号。如:if E1 then if E2 then S1 else S2 else S3 说明了这种情况。

6.2.3　循环结构的代码生成

对于循环结构,考虑 while-do 语句的翻译。文法如下:

```
S－＞while E do S
```

其中,E 为布尔表达式。

While-do 语句 S－＞while E do S1 的代码结构图如图 6.2(c)所示。建立一个新的标号 S. begin,并用它来标识 E 的代码的第一条指令。另一个标号 E. true 标识 S1 的代码的第一条指令。在 E 的代码中有这样的转移指令:若 E 为真则转移到标号为 E. true 的语句,若 E 为假则转移到 S. next。同前面一样我们置 E. false 为 S. next。在 S1 的代码之后我们放上指令 goto S. begin,用来控制转移到布尔表达式的代码的开始位置。注意,我们置 S1. next 为标号 S. begin,这样在 S1. code 之内的转出指令就能直接转移到 S. begin。

6.2.4　程序调用的代码生成

本节讨论程序调用的代码生成技术,简单地介绍程序调用的过程,并详细阐述程序调用中比较重要的两部分工作(调用帧、动态链与静态链设计)。

1. 程序调用概述

过程是程序语言设计中最常用的一种结构。我们这节讨论的也包括函数,实际上函数可看成是返回结果值的过程。

我们考虑过程调用文法如下:

```
S－＞call id(Elist)
Elist－＞Elist,E
Elist－＞E
```

过程调用的实质是把程序控制转移到子程序(过程段)。在转子之前必须用某种方法把实参的信息传递给被调用的子程序,并且应该告诉子程序在它工作完毕之后返回到什么地方。现在计算机的转子指令大多在实现转移的同时就把返回地址(转子指令之后的那个单元地址)放在某个寄存器或内存单元之中。因此在返回方面并没有什么需要特殊考虑的问题。关于传递实参信息方面有种种不同的处理方法。我们这里只讨论最简单的一种,即传递实参地址(传地址)的处理方式。

如果实参是一个变量或数组元素,那么就直接传递它的地址。如果实参是其他表达式,如 A+B 或 2,那么就先把它的值计算出来并存放在某个临时单元 T 中,然后传送 T 的地址。所有实参的地址应存放在被调用的子程序能够取到的地方。在被调用的子程序(过程)中,相应每个形参都有一个单元(称为形式单元)用来存放相应的实参的地址。在子程序段中对形参的任何引用都当作是对形式单元的间接访问。当通过转子指令进入子程序之后,子程序段的第一步工作就是把实参的地址取到对应的形式单元中,然后,再开始执行本段中的语句。

2. 调用帧

调用帧是支持子程序结构的重要部分。子程序调用及返回包含着数据传送和控制转移两方面的内容,要保证调用的正确执行,必须遵循一定的规则,这就要求调用帧有较固定的格式。SPL 编译器采用标准 PASCAL 的调用帧格式,当发生函数或过程调用,调用者和被调用者分别执行如下动作来建立调用帧。

由调用者(Caller)先执行如下动作:

· 将实参压入栈中。

· 将静态链压入栈中。

· 将返回地址压入栈中。

然后控制交给被调用者(Callee),由被调用者执行如下动作:

· 将动态链压入栈中。

· 使 BP 指向栈顶(MOV BP,SP)。

· 在栈顶为返回值分配空间(过程没有此动作)。

· 在栈顶为局部变量分配空间。

可见,调用帧是由调用者和被调用者共同建立的。但是上面的调用者(Caller)执行的汇编指令是在处理调用语句时产生的,而被调用者(Callee)执行的汇编指令是在处理子程序定义时产生的。在完成上述动作后,可以建立图 6.3 所示的调用帧。

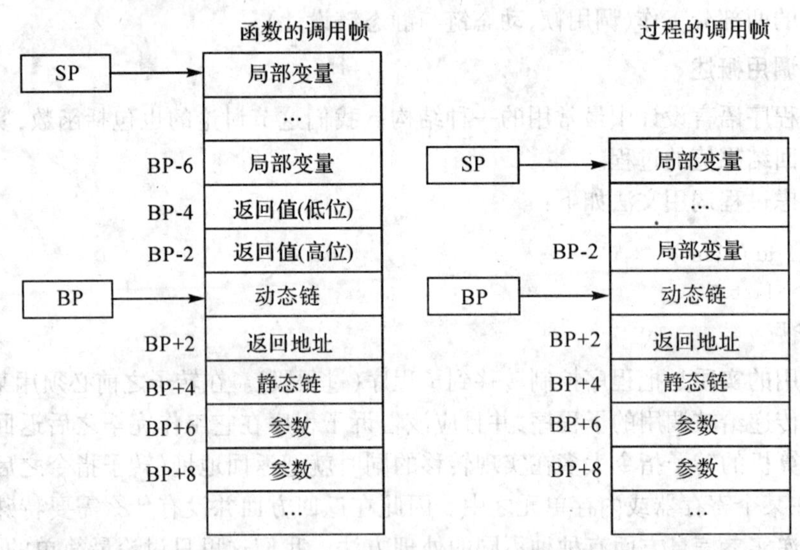

图 6.3 调用帧的结构

当发生函数或过程返回时,由被调用者完成撤销调用帧的全部动作:

· 将返回值装入 AX 或 DX:AX 中(过程没有此动作)。

· 将局部变量退栈。

· 将返回值退栈(过程没有此动作)。

· 恢复 BP 使之指向调用者栈帧。

· 返回地址退栈。

· 参数和静态链退栈。

以上汇编指令都是在处理子程序定义时生成的。从上面的分析可以看出,参数的进栈和出栈动作是分别由调用者和被调用者来完成的,所以实参和形参的一致性是子程序调用正确进行的重要保证,也就是说必须在语法/语义分析阶段进行形参和实参的一致性(参数个数和类型的一致性)检查。注:SPL 按照 C 语言方式传递参数(顺序压栈)。

根据上面的定义,已经可以设计出子程序起始和结束的代码了。

在子程序头部的汇编代码 (以函数为例)如下:

```
routine 002  proc ;                       /* 子程序定义开始 */
             assume cs:TEXT  ds:DATA;     /* 代码段和数据段定义 */
             mov     ax,DATA ;            /* 把数据段地址装入段寄存器 */
             mov     ds,ax
             push    bp;                  /* 动态链入栈 */
             mov     bp, sp;              /* 调整 bp,使之指向栈顶 */
             sub          sp, 4;          /* 为返回值分配堆栈空间(过程没有这一句) */
             sub          sp,M;           /* 为局部变量分配堆栈空间,M 是局部变量的字节数 */
             ...
```

在子程序尾部的汇编代码(以函数为例)如下:

```
             ...
             mov   ax, word ptr [bp-4];   /* 将返回值放入 AX(过程没有这一句) */
             mov   sp, bp;                /* 返回值和局部变量退栈 */
             pop   bp;                    /* 恢复 bp,使之指向调用者栈帧 */
             ret   N+2;                   /* 参数和动态链退栈,N 是参数的字节数(按字对齐) */
routine_002 endp;                         /* 子程序定义结束 */
```

3. 动态链与静态链设计

在栈帧中设置的动态链和静态链起着不同的作用,动态链连接的子程序之间具有运行时的调用和被调用关系,这种关系是随着程序运行而不断变化的,A 可能调用 B,B 也可能调用 A(不考虑层次定义问题),所以动态链是为调用和返回的正确执行而设置的。

静态链连接的子程序之间具有定义上的父子关系,这种关系在编制程序时就已经确定了,如果 A 是 B 的父辈函数或过程,B 就不可能成为 A 的父辈函数或过程。前面设计的符号表的链接方式和这里的静态链连接方式是一致的,只是作用不同而已:符号表的链接是为了在编译时(Compile Time)能正确地找到父辈函数内变量的属性,而静态链的连接是为了在运行时(Run Time)能正确地找到父辈函数内变量的地址和值。由此可见设置静态链的理论基础也是分程序结构和作用域规则。

设置静态链后,访问父辈函数内变量的规则是:

(1)为每一个子程序设置层次(level)属性,主程序为 0 级,主程序的子程序为 1 级,以下类推。

(2)当一个处于 m 层的子程序访问处于 n 层的函数的变量(m>n),必须通过 m-n 级静态链来修改基址指针寄存器(BP),从而正确访问变量。例如一个处于第 4 层的函数要访问处于第 2 层的函数内的变量,则有如下代码:

```
mov     bx, bp;                  /* 保存当前 BP 值,当前是第 4 层栈帧 */
```

```
mov    bp,word ptr [bp+4] ;  /* 转到第3层栈帧 */
mov    bp,word ptr [bp+4] ;  /* 转到第2层栈帧 */
mov    ax, word ptr_x     ;  /* 访问变量 */
mov    bp, bx                /* 恢复BP */
```

图6.4显示了多个栈帧之间静态链和动态链连接的方式。

```
procedure calliope(polyhymnia:integer);
var
  clio:integer;
procedure erato(urania:integer);
    begin
      erato(3);
    end;
procedure thalia(euterpe:integer);
  var
    melpomene:integer;
  begin
    erato(2);
  end;
begin
  thalia(1);
end;
```

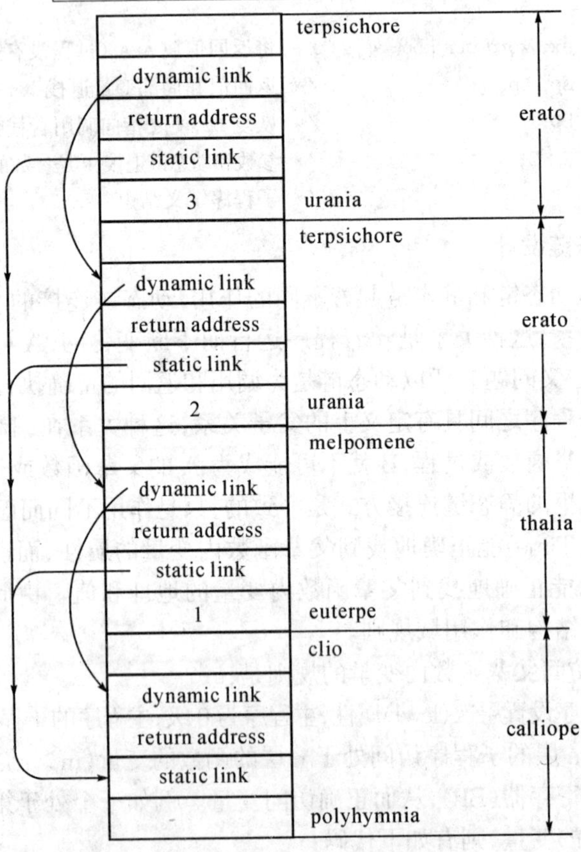

图6.4 栈帧之间的连接

6.3　目标机器环境说明

目标机环境有两种：生成的DOS下的汇编代码的目标机器是8086；生成的Linux汇编代码的目标机器是兼容32位i386指令集的CPU。

6.3.1　目标机器8086

1.寄存器

8086微处理器包括四个16位数据寄存器、两个16位指针寄存器、两个16位变址寄存器、一个16位指令指针、四个16位段寄存器、一个16位标志寄存器。图6.5是8086微处理器中的寄存器示意图。

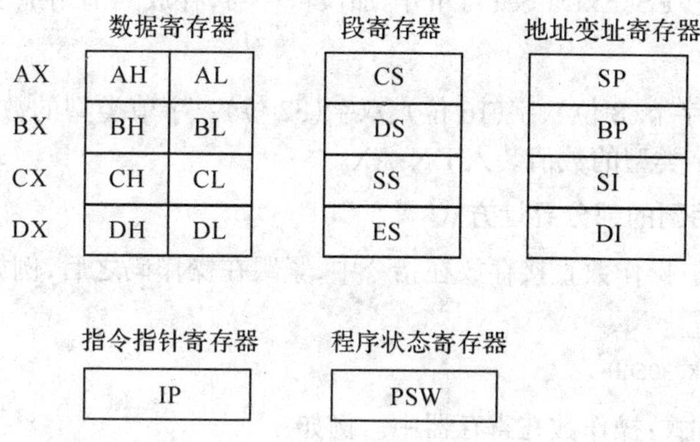

图6.5　8086芯片的寄存器

这14个16位寄存器在8086中根据其作用的不同被分为四个类型：通用寄存器、段寄存器、指令寄存器和标志寄存器。

(1)通用寄存器：数据寄存器、指针寄存器和变址寄存器除了各自的专门用途外，均可以用来传送和暂存数据、保存算术逻辑运算中的操作数和运算结果，这些寄存器统称为通用寄存器。

(2)段寄存器：8086处理器通过四个段寄存器对1MB的物理地址进行寻址，并把1MB空间划分为若干个逻辑段，当前使用段的段值就存放在段寄存器中。根据段寄存器中的段值和段内偏移量便可得到所需访问的物理地址。

(3)指令寄存器：用来保存下条执行指令地址相对于代码段起始值的偏移量。

(4)标志寄存器：用来保存当前状态，共包含9种状态，可以分为两组：一组是运算结果标志，共6个；另一组是状态控制标志，共3个。标志寄存器的结构如图6.6所示。其中，DF、IF、TF为状态控制标志，另外6个为运算结果标志。

15	14	13	12	11	10	9	8	7	6	5	4	3	2	1	0
				OF	DF	IF	TF	SF	ZF		AF		PF		CF

图6.6　标志寄存器的结构

下面对8086处理器中比较常用的几个寄存器的功能进行说明。

AX(Accumulator):作为累加器用,是算术运算的主要寄存器。

BX(Base):可作为通用寄存器使用,在计算存储器地址时,它经常用作基地址寄存器。

CX(Count):可以作为通用寄存器使用,在循环和串处理指令中作隐含的计数器。

DX(Data):可以作为通用寄存器使用,在作双字长运算时和AX组合使用,其中DX存放高位字。

SP(Stack Pointer):是堆栈指针寄存器,BP(Base Pointer)是基址指针寄存器,它们都可以与SS寄存器组合使用来确定,SP用来指示栈顶,BP可指向栈中某一位置。

SI(Source Index):源变址寄存器和DI(Destination Index)目的变址寄存器与DS, ES联用,可达到在数据段和附加段寻址的目的。

CS(Code Segment):代码段寄存器,保存当前代码段首址高16位。DS(Data Segment)数据段寄存器,保存当前数据段首址高16位。SS(Stack Segment)堆栈段寄存器,保存当前堆栈段首址高16位。ES(Extra Segment)附加段寄存器,存放当前附加段首址高16位。

2.基本类型

基本类型包括:字节(8位)、字(16位)、双字(32位)。字节类型的数值装入AL,字类型的数值装入AX,双字类型的数值装入DX:AX。

3.在编译器中用到的部分寻址方式

· 立即寻址方式:操作数直接存放在指令中,紧跟在操作码之后,例如:

```
MOV    AL,5
MOV    AX,3064H
```

· 寄存器寻址方式:操作数在寄存器中。例如:

```
MOV    AX,BX
```

· 直接寻址方式:有效地址EA存放在指令中,在指令操作码之后。

· 寄存器间接寻址方式:操作数的有效地址在基址寄存器BX、BP或变址寄存器SI、DI中,操作数在存储器中。如寄存器是BX、SI、DI则操作数在数据段中,如寄存器是BP则操作数在堆栈段中。例如:

```
MOV    AX,[BX]
```

4.用到的部分汇编指令

数据传送指令:MOV,PUSH,POP

地址传送指令:LEA

算术指令:ADD,INC,SUB,DEC,NEG,CMP,IMUL,IDIV

逻辑指令:AND,OR,NOT,SHL,SAL,SHR,SAR

串处理指令:MOVS,CMPS,REPE

控制转移指令:JMP,JE,JLE,JG,JGE,JNE

程序调用指令:CALL,RET

5.存储管理(8086)

编译模式也称为内存模式,它是指如何在内存为程序、数据、堆栈分配空间并存取它们。

通常编译器提供 6 种编译模式:微模式、小模式、紧凑模式、中模式、大模式和巨模式。由于程序规模的限制,SPL 编译器只提供小模式。小模式是最常用的编译模式,适于代码规模小、数据量小的程序。在小模式中,代码段与数据段分离,即最大可用空间为 128K,寻址方式都是 16 位。所有调用都是近调用,但同时允许对个别不在代码段内的函数用 FAR 关键字来调用。

代码段最大为 64K,在汇编代码中的名称是"_TEXT"由 CS 保存代码段首址高 16 位。

数据段和堆栈段合并为一段,在汇编代码中的名称是"_DATA",最大为 64K,因此 SS 和 DS 保存的地址相同,都是数据/堆栈段(以后都只称为数据段)首址高 16 位。其中数据区用于保存全局数据,它分配在数据段低端;堆栈区用于保存局部数据和临时数据,它分配在数据段高端。在 SPL 编译器中,堆栈区一般设置为 4K。没有附加段。

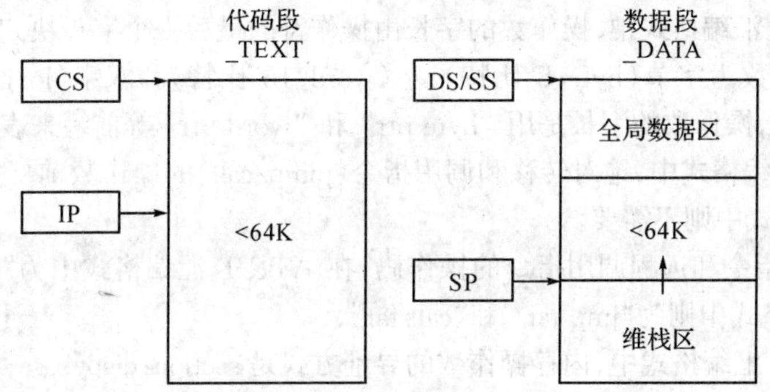

图 6.7　小模式下的内存组织

6.3.2　目标机器 i386

i386 的目标机器的数据和地址线都是 32 位。可以寻址 4G 的线性地址空间。

1. 寄存器

80386 的寄存器可以分为 8 组:8 个通用寄存器(EAX,EBX,ECX,EDX,ESI,EDI,ESP,EBP),6 个段寄存器(CS,DS,ES,SS,FS,GS),1 个指令指针寄存器(EIP),1 个标志寄存器(EFLAGS),4 个系统地址寄存器(GDTR、IDTR、LDTR,TR),3 个控制寄存器(CR0,CR2,CR3,CR1 保留),8 个调试寄存器(DR0 – DR7),2 个测试寄存器(TR6,TR7),它们的宽度都是 32 位的。

其中 8 个通用寄存器和指令指针寄存器,标志寄存器是对 8086 的对应寄存器的 32 位扩展,其低 16 位即为对应的 8086 寄存器。如 EAX 是对 AX 的扩展,其低 16 位即为 AX。6 个段寄存器中的 4 个和 8086 相同,FS 和 GS 为新的段寄存器。

SPL 编译器没有显式使用系统地址寄存器、控制寄存器、调试寄存器和测试寄存器。

2. 基本类型

基本类型包括:字节(8 位)、字(16 位)、双字(32 位)、64 位字。整型为 32 位。整型字节类型的数值装入 AL 或者 AH,字类型的数值装入 AX,双字类型的数值装入 EAX,64 位字类型装入 EDX:EAX。

3. AT&T 汇编

在 Linux 操作系统下的汇编为 AT&T 汇编。而 DOS/Windows 下的汇编为 Intel 汇编。两者在语法格式上有些不同:

· AT&T 汇编格式中,寄存器名要加上"%"作为前缀;而 Intel 汇编格式中,寄存器名不需要加前缀。

· AT&T 汇编格式中,用"$"前缀表示一个立即操作数;而在 Intel 汇编格式中,立即数的表示不用带任何前缀。

· AT&T 和 Intel 格式中的源操作数和目标操作数的位置正好相反。在 Intel 汇编格式中,目标操作数在源操作数的左边;而在 AT&T 汇编格式中,目标操作数在源操作数的右边。

· 在 AT&T 汇编格式中,操作数的字长由操作符的最后一个字母决定,后缀"b"、"w"、"l"分别表示操作数为字节(byte,8 比特)、字(word,16 比特)和双字(long,32 比特);而在 Intel 汇编格式中,操作数的字长是用 "byte ptr" 和 "word ptr" 等前缀来表示的。

· AT&T 汇编格式中,绝对转移和调用指令(jump/call)的操作数前要加上"*"作为前缀,而在 Intel 格式中则不需要。

· 远程转移指令和远程调用指令的操作码,在 AT&T 汇编格式中为"ljump"和"lcall",而在 Intel 汇编格式中则为"jmp far" 和"call far",

· 在 AT&T 汇编格式中,内存操作数的寻址方式是 section:disp(base, index, scale),而在 Intel 汇编格式中,内存操作数的寻址方式为 section:[base + index * scale + disp],由于 Linux 工作在保护模式下,用的是 32 位线性地址,所以在计算地址时不用考虑段基址和偏移量,而是采用如下的地址计算方法为 disp + base + index * scale。

4. 存储管理(i386)

Linux 是一个运行在保护模式下的 32 位操作系统,采用 flat memory 模式,目前最常用到的是 ELF 格式的二进制代码。一个 ELF 格式的可执行程序通常划分为如下几个部分:.text、.data 和 .bss。其中,.text 是只读的代码区,.data 是可读可写的数据区,而 .bss 则是可读可写且没有初始化的数据区。代码区和数据区在 ELF 中统称为 section,根据实际需要程序可以有标准的 section,也可以添加自定义 section,但一个 ELF 可执行程序至少应该有一个 .text 部分。

以 helloworld 程序为例,用 AT&T 汇编语言格式:

```
#hello.s
.data                                   /* 数据段声明 */
        msg : .string "Hello, world! \\n"  /* 要输出的字符串 */
        len = . - msg                   /* 字串长度 */
.text                                   /* 代码段声明 */
.global start                           /* 指定入口函数 */

start:                                  /* 在屏幕上显示一个字符串 */
        movl $len, %edx                 /* 参数三:字符串长度 */
        movl $msg, %ecx                 /* 参数二:要显示的字符串 */
```

```
        movl $1, %ebx                   /* 参数一:文件描述符(stdout) */
        movl $4, %eax                   /* 系统调用号(sys_write) */
        int $0x80                       /* 调用内核功能 */

                                        /* 退出程序 */
        movl $0,%ebx                    /* 参数一:退出代码 */
        movl $1,%eax                    /* 系统调用号(sys_exit) */
        int $0x80                       /* 调用内核功能 */
```

上面汇编程序的功能是调用 Linux 内核提供的 sys_write 来显示一个字符串,然后再调用 sys_exit 退出程序。在 Linux 内核源文件 include/asm-i386/unistd.h 中,可以找到所有系统调用的定义。

6.4 代码生成程序的实现

SPL 代码生成的主要思路是采用语法制导的翻译技术来完成的。SPL 代码生成的过程是用 YACC 程序实现的。在 YACC 程序中使用宏定义开关 GENERATE_AST 来控制是生成语法树还是生成语句或者程序段的结尾。如果定义了宏 GENERATE_AST,代码生成过程中首先生成语法树,然后以该语法树为输入生成 DAG 树。最后,根据 DAG 树生成宏汇编代码。如果未定义 GENERATE_AST 的话,直接生成汇编目标代码。

这一节的介绍主要以目标机器环境 DOS 下 8086 为主,有兴趣的读者可以通过阅读 X86linux.c 了解 Linux 环境下的汇编代码生成。

下面将具体分析组成 SPL 语言编译程序各部分的语法制导的翻译规则,这也是整个编译器的核心所在,包括以下内容:定义与声明(Definition and Declaration)的翻译、表达式(Expression)的翻译、语句(Statement)和控制流(Control Flow)的翻译。

6.4.1 定义与声明的翻译

1. 主程序框架的翻译

主要任务:生成数据段、代码段和主程序的起始、结束代码;创建全局和系统符号表。代码来自文件 spl.y。

```
program
:first_act_at_prog program_head sub_program oDOT
{

        pop_symtab_stack();/* 全局符号表出栈 */
#ifdef GENERATE_AST
        if (! err_occur())
        {
            list_clear(&dag_forest);
```

```
            t = new_tree(TAIL, NULL, NULL, NULL);
            t->u.generic.symtab = top_symtab_stack();
            list_append(&ast_forest, t);

            /* generate dag forest. */
            gen_dag(&ast_forest, &dag_forest);

            /* emit asm code. */
            emit_code(&dag_forest);

            (*(IR->main_end))(&main_env);

            /* call end interface. */
            (*(IR->program_end))(&global_env);
        }
#else
        emit_main_epilogue(Global_symtab);
        emit_program_epilogue(Global_symtab);
#endif
        return 0;
}
;

first_act_at_prog
:
{
        parser_init();
        make_global_symtab();                  /* 创建全局符号表 */
        make_system_symtab();                  /* 创建系统符号表 */
        push_symtab_stack(Global_symtab); /* 全局符号表入栈 */
};
```

上面两组语义动作虽然都是非终结符 program 的辅助过程,但第一组动作发生在整个翻译结束时而第二组动作发生在整个翻译刚开始时。第二组动作的内容已经在函数名上反映出来了,这里不再解释。第一组动作输出的内容是主程序的结束代码和程序的结束代码(这里的“程序”是指包括主程序和各子程序在内所有代码)。函数 emit_main_epilogue 的输出内容是:

	ret	返回主程序,在这里是返回操作系统
_main	endp	主程序定义结束

函数 emit_program_epilogue 的输出内容还包括:

· 向保存代码的临时文件输出:

_TEXT	ends		代码段定义结束
	end	start	代码结束

· 向保存数据的临时文件输出所有全局数据的定义：

对于整型、布尔变量：	vj_002	dw	?	定义一个字
对于字符型变量	vc_003	db	?	定义一个字节
对一于字符串常量：	vs_007	db	´It's a string.´	定义一个字符串
		db	´$´	´$´是字符串结束标志
对于数组变量：	va_005	db	8 dup(?)	定义 8 个字节的一片空间

其中，每一个变量或常量的标号已经保存在 symbol 结构的 rname 域中。

以下是对前面的产生式的补充：

```
program_head
:kPROGRAM yNAME oSEMI
{
        strcpy(Global_symtab->name, $2);     /* 记录程序名 */
        snprintf(Global_symtab->rname, sizeof(Global_symtab->rname), "main");
        Global_symtab->defn = DEF_PROG; /* 定义主程序属性 */
#ifdef GENERATE_AST
        global_env.u.program.tab = Global_symtab;
        /* call initialization interface. */
        (*(IR->program_begin))(&global_env);
#else
        emit_program_prologue(Global_symtab); /* 输出程序起始代码 */
#endif

}
|error oSEMI
;
```

当分析到“program test;”时，上面的产生式归约，执行的动作为：把程序的名称(这里是“test”)记录下来，定义全局符号表的属性为“DEF_PROG”，输出程序的起始代码如下。

(1)向保存代码的临时文件输出：

	db	1000h dup (?)	分配堆栈空间(4K)
_DATA	ends		数据段定义的结束
;---- PROGRAM TEST ----			
_TEXT	segment	public	代码段定义开始
	include	X86rtl.inc	包含运行库的头文件
static_link	equ	word ptr [bp+4]	定义一些标号
retval_addr	equ	word ptr [bp-4]	
retval_addr_hi	equ	word ptr [bp-2]	

(2)向保存数据的临时文件输出：

_DATA	segment	public	数据段定义的开始

```
sub_program : routine_head
{    emit_main_prologue(Global symtab); /* 输出主程序起始代码 */
}
routine body
     ;
```

上面的产生式专门为主程序输出起始代码，因为非终结符 sub_program 只出现在 program 的右部。函数 emit_main_prologue 向保存代码的临时文件输出(从这以后也全都是向保存代码的临时文件输出)主程序起始代码：

_main	proc	far	主程序定义开始
	assume	cs:_TEXT, ds:_DATA	定义段寄存器
start:			起始地址
	push	ds	保存旧的数据段地址
	sub	ax, ax	
	push	ax	
	mov	ax, _DATA	设置数据段段寄存器
	mov	ds, ax	

归纳起来，生成程序和主程序框架的动作依次为如表 6.2 所示。(英文字母代表每一部分在汇编代码中顺序)

表 6.2

序号	过程名	向代码临时文件输出	向数据临时文件输出
1	emit_program_prologue	c 数据段结束，代码段开始，程序起始	a 数据段的开始
2	emit_main_prologue	d 主程序的起始	
3	emit_main_epilogue	e 主程序的结束	
4	emit_program_epilogue	f 程序结束，代码段结束	b 全局数据的定义

2. 标识符序列的翻译

标识符序列是指由逗号分隔的若干标识符，如 a, b, c。若遇到标识符序列，则生成 symbol 结构的链表。标识符序列在变量定义、参数声明、域的声明、枚举定义等多处用到。其翻译规则为：

```
name_list
:name_list oCOMMA yNAME        /* 创建新的 symbol 结构并加入链表末尾 */
{
        p = new_symbol( $3, DEF_UNKNOWN, TYPE_UNKNOWN);
```

```
        for(q = $1; q->next; q = q->next);
        q->next = p; p->next = NULL;
        $$ = $1;            /* 加入链表末尾 */
}
|yNAME                      /* 处理第一个符号,创建一个 symbol 并成为链首 */
{
        p = new_symbol($1, DEF_UNKNOWN, TYPE_UNKNOWN);
        $$ = p;
}
|yNAME error oSEMI
|yNAME error oCOMMA
;
```

3. 分程序框架的翻译

分程序由程序头部(routine_ head)和程序体(routine_ body)组成,分程序头部的产生式见下面程序段第 00347 行,其右部五个非终结符分别负责标号部分、常量部分、类型部分、变量部分、函数和过程部分的翻译,emit_ routine_ prologue 产生子程序中参数和变量的定义,以及起始代码。与全局变量不同,子程序的参数和变量都分配在堆栈中。

```
00343 sub_routine
00344 :routine_head routine_body
00345 ;
00346
00347 routine_head
00348 :label_part const_part type_part var_part routine_part
00349 {
00350 #ifdef GENERATE_AST
00351 #else
00352         emit_routine_prologue(top_symtab_stack());
00353 #endif
00354 }
00355 ;
...
00920 routine_body
00921 :compound_stmt
00922 ;
```

参数定义一般为:(都是相对于 BP 的正偏移量)

as_004	equ	word ptr [bp+6]	整型或布尔型参数定义
ac_003	equ	byte ptr [bp+8]	字符型参数定义

局部变量的定义一般为:(都是相对 BP 的负偏移量)

vi_002	equ	word ptr [bp-4]	整型或布尔型变量定义
vj_001	equ	byte ptr [bp-2]	字符型变量定义

在定义了参数和变量后,对它们的访问只需通过标号就可以了,不用直接写偏移量。注意,在 SPL 生成的汇编代码中,常量的标号都以"c"开头,变量的标号都以"v"开头,参数的标号都以"a"开头。

4. 常量定义的翻译

对常量翻译的任务是:生成 symbol 结构并设置 DEF_CONST 属性,记录常量标识符的名称和值,把该 symbol 加入处于栈顶的符号表。

```
const_part      /* 常量定义部分 */
:kCONST const_expr_list
|
;
      /* 非终结符 const_expr_list 的作用是给已生成的 symbol 设置名称并加入符号表 */
const_expr_list      /* 常量定义序列,如 a=3; c=5; ... */
:const_expr_list yNAME oEQUAL const_value oSEMI
{
        /* change name of symbol const_value to yNAME */
        strncpy($4->name, $2, NAME_LEN);      /* 设置常量的名称 */
        add_symbol_to_table(
            top_symtab_stack(), $4);      /* 加入符号表 */
}
|yNAME oEQUAL const_value oSEMI
{
        /* change name of symbol const_value to yNAME */
        strncpy($3->name, $1, NAME_LEN);
        add_symbol_to_table(
            top_symtab_stack(), $3);
}
;
/* 非终结符 const_value 是创建 symbol 并设置常量的值 */
const_value      /* 处理常量的值,如 32, 'a','String', True, Maxint 等 */
:cINTEGER      /* 产生整型常量 */
{
        /* integer const, temperary named $$$, will change later. */
        p = new_symbol("$$$", DEF_CONST,
            TYPE_INTEGER);
        p->v.i = $1;
        $$ = p;
}
|cREAL      /* 产生实数型常量 */
```

```
{
        p = new_symbol("$$$",DEF_CONST,
            TYPE_REAL);

        p->v.f = atof($1);
        $$ = p;
}
|cCHAR    /*产生字符型常量*/
{
        p = new_symbol("$$$", DEF_CONST,
            TYPE_CHAR);

        p->v.c= $1[1];
        $$ = p;
}
|cSTRING    /*产生字符串型常量*/
{
        p = new_symbol("$$$",DEF_CONST,
            TYPE_STRING);

        p->v.s = strdup($1);
        $$ = p;
}
|SYS_CON    /*产生标准常量,指True, False和Maxint */
{
        p = new_symbol("$$$", DEF_CONST,
            TYPE_UNKNOWN);

        switch($1)
        {
        case cMAXINT:
            strcpy(p->rname, "maxint");
            p->v.i = (1 << (IR->intmetric.size * 8)) - 1;
            p->type = find_type_by_id(TYPE_INTEGER);
            break;

        case cFALSE :
            strcpy(p->rname, "0");
            p->v.b = 0;
            p->type = find_type_by_id(TYPE_BOOLEAN);
            break;

        case cTRUE:
```

```
            strcpy(p->rname, "1");
            p->v.b = 1;
            p->type = find_type_by_id(TYPE_BOOLEAN);
            break;

        default:
            p->type = find_type_by_id(TYPE_VOID);
            break;
        }

        $$ = p;
}
;
```

5. 类型定义的翻译

主要任务:搜集类型信息,创建 type 结构并加入符号表。

```
type_part
:kTYPE type_decl_list                /* 类型定义部分 */
|
;

type_decl_list
:type_decl_list type_definition
|type_definition
;

type_definition                 /* 类型定义,如 a = integer */
:yNAME oEQUAL type_decl oSEMI
{
        if($3->name[0] == '$')              /* 如果是新产生的类型 */
        {
            /* a new type. */
            $$ = $3;             /* 则该类型已经在符号表中 */
            strncpy($$->name, $1, NAME_LEN); /* 设置类型的名字 */
        }
        else{
            /* 如果是已定义的类型 */
            $$ = clone_type($3); /* 则复制这一类型,即同一类型有两个名称 */
            strncpy($$->name, $1, NAME_LEN); /* 设置类型的名字 */
            add_type_to_table(
                    top_symtab_stack(), $$);
        }
}
```

```
;

type_decl
:simple_type_decl
|array_type_decl
|record_type_decl
;

array_type_decl /* 数组类型定义,如 array[1..12] of integer */
:kARRAY oLB simple_type_decl oRB kOF type_decl
{
        $$ = new_array_type("$$$", $3, $6);
        add_type_to_table(
            top_symtab_stack(), $$);
}
;

record_type_decl    /* 处理记录类型定义 */
:kRECORD field_decl_list kEND
{
        pt = new_record_type("$$$", $2);
        add_type_to_table(top_symtab_stack(), pt);
        $$ = pt;
}
;

field_decl_list    /* 处理记录类型的域表 */
:field_decl_list field_decl
{
    for(p = $1; p->next; p = p->next);
        p->next = $2;
        $$ = $1;
}
|field_decl
{
        $$ = $1;
}
;

field_decl     /* 处理域的声明 */
:name_list oCOLON type_decl oSEMI
{
        for(p = $1; p; p = p->next) {
```

```
            if($3->type_id == TYPE_SUBRANGE)
                p->type = $3->first->type;
            else if($3->type_id == TYPE_ENUM)
                p->type = find_type_by_id(TYPE_INTEGER);
            else
                p->type = find_type_by_id($3->type_id);

            p->type_link = $3;
            p->defn = DEF_FIELD;
        }
        $$ = $1;
}
;

simple_type_decl /* 简单类型定义,包括标准类型、枚举、子界和已定义的类型的名称 */
:SYS_TYPE           /* 标准类型:整型、字符型、布尔型 */
{
        pt = find_type_by_name($1);
        if(! pt)
            parse_error("Undeclared type name", $1);
        $$ = pt;
}
|yNAME              /* 前面已定义的类型的名称,这里实际上是创建等价类型 */
{
        pt = find_type_by_name($1); /* 查找该类型,找不到则报错 */
        if (! pt)
        {
            parse_error ("Undeclared type name", $1);
            return 0;
        }
        $$ = pt;
}
|oLP name_list oRP /* 处理枚举类型 */
{
        $$ = new_enum_type("$$$"); /* 创建 type 结构 */
        add_enum_elements($$, $2); /* 标识符序列作为元素加入枚举 */
        add_type_to_table(
            top_symtab_stack(), $$); /* 类型加入符号表 */
}
|const_value oDOTDOT const_value      /* 处理第一种子界类型:都是常数 */
{                                     /* 如:1..10 'a'...'z' */
    if($1->type->type_id != $3->type->type_id){  /* 上下界类型不一致,报错 */
            parse_error("type mismatch","");
```

```
            return 0;
        }
        $$ = new_subrange_type("$$$", $1->type->type_id); /* 创建 type 结构 */
        add_type_to_table(
            top_symtab_stack(), $$);

        if($1->type->type_id == TYPE_INTEGER) /* 根据不同类型;设置上下界的值 */
            set_subrange_bound($$,
                    (int)$1->v.i,(int)$3->v.i);
        else if ($1->type->type_id == TYPE_BOOLEAN)
            set_subrange_bound($$,
                    (int)$1->v.b,(int)$3->v.b);
        else if ($1->type->type_id == TYPE_CHAR)
            set_subrange_bound($$,
                    (int)$1->v.c,(int)$3->v.c);
        else
            parse_error("invalid element type of subrange","");
}
|oMINUS const_value oDOTDOT const_value
{
        if($2->type->type_id != $4->type->type_id){
            parse_error("type mismatch","");
            /* return 0; */
        }

        $$ = new_subrange_type("$$$",
            $2->type->type_id);

        add_type_to_table(
            top_symtab_stack(), $$);

        if($2->type->type_id == TYPE_INTEGER){
            $2->v.i = - $2->v.i;
            set_subrange_bound($$,
                    (int)$2->v.i,(int)$4->v.i);
        }
        else if ($2->type->type_id == TYPE_BOOLEAN){
            $2->v.b ^= 1;
            set_subrange_bound($$,
                    (int)$2->v.b,(int)$4->v.b);
        }
        else if ($2->type->type_id == TYPE_CHAR)
            parse_error("invalid operator","");
```

```
        else
            parse_error("invalid element type of subrange","");
}
|oMINUS const_value oDOTDOT oMINUS const_value
{
        if( $2->type->type_id != $5->type->type_id) {
            parse_error("type mismatch.","");
            return 0;
        }

        $$ = new_subrange_type("$$$", $2->type->type_id);

        add_type_to_table(
            top_symtab_stack(), $$);

        if( $2->type->type_id == TYPE_INTEGER){
            $2->v.i = - $2->v.i;
            $5->v.i = - $5->v.i;

            set_subrange_bound( $$,(int)$2->v.i,
                    (int)$5->v.i);
        }
        else if ( $2->type->type_id == TYPE_BOOLEAN){
            $2->v.b ^= 1;
            $5->v.b ^= 1;
            set_subrange_bound( $$,(int)$2->v.b,
            (int)$5->v.b);
        }
        else if ( $2->type->type_id == TYPE_CHAR)
            parse_error("invalid operator","");
        else
            parse_error("invalid element type of subrange","");
}
|yNAME oDOTDOT yNAME   /* 处理第二种子界类型:由枚举元素组成 */
{
        p = find_element(top_symtab_stack(), $1);   /* 查找上界元素 */

        if(! p){
          parse_error("Undeclared identifier", $1);
          install_temporary_symbol( $1, DEF_ELEMENT, TYPE_INTEGER);
            /* return 0; */
        }

```

```
        if(p->defn != DEF_ELEMENT){
            parse_error("not an element identifier", $1);
            /* return 0; */
        }

        q = find_element(top_symtab_stack(), $3);
        if(!q){
            parse_error("Undeclared identifier", $3);
            install_temporary_symbol($3, DEF_ELEMENT, TYPE_INTEGER);
              /* return 0; */
        }
        if(q->defn != DEF_ELEMENT){
              parse_error("Not an element identifier", $3);
              /* return 0; */
        }

        if(p && q){
              $$ = new_subrange_type("$$$", TYPE_INTEGER);
              add_type_to_table(
                     top_symtab_stack(), $$);
              set_subrange_bound($$, p->v.i, q->v.i);
        }
        else
              $$ = NULL;
}
;
```

6. 变量定义的翻译

主要任务:创建 symbol 结构,并加入符号表。

```
var_part
:kVAR var_decl_list          /*变量定义部分*/
|
;

var_decl_list          /*分号分隔的变量定义序列,如 i, j : integer; c : char; ...
:var_decl_list var_decl
|var_decl
;

var_decl          /*变量定义,如:i, j : integer */
:name_list oCOLON type_decl oSEMI
{
        ptab = top_symtab_stack();
```

```
        for(p = $1; p ;){ /* 给标识符序列中的每一标识符设置类型值 */
            if($3->type_id == TYPE_SUBRANGE)
                    p->type = find_type_by_id($3->first->type->type_id);
            else if($3->type_id == TYPE_ENUM)
                    p->type = find_type_by_id(TYPE_INTEGER);
            else
                    p->type = find_type_by_id($3->type_id);

            p->type_link = $3; /* 链接类型结构 */
            p->defn = DEF_VAR; /* 定义变量属性 */

            q = p; p = p->next;
            q->next = NULL;
            add_symbol_to_table(ptab, q); /* 把变量加入栈顶符号表 */
        }
        $1 = NULL;
}
;
```

7. 过程和函数定义的翻译

下面的产生式表明过程和函数定义部分是由任意一个过程或函数定义组成(递归)。

```
routine_part
:routine_part function_decl
|routine_part procedure_decl
|function_decl
|procedure_decl
|
;
```

下面的产生式是在函数头部和函数体分析完成后,输出函数的结束代码,并将符号表出栈。

```
function_decl
:function_head oSEMI sub_routine oSEMI
{
#ifdef GENERATE_AST
...
#else
        emit_routine_epilogue(top_symtab_stack());
#endif

        pop_symtab_stack();
}
;
```

下面的产生式是在过程头部和过程体分析完成后,输出过程的结束代码,并将符号表出栈。

```
procedure_decl
:procedure_head oSEMI sub_routine oSEMI
{
#ifdef GENERATE_AST
...
#else
        emit_routine_epilogue(top_symtab_stack());
#endif

        pop_symtab_stack();
}
;
```

下面的产生式分析函数头部。主要动作是:创建一个局部符号表,并设置相关属性;将参数链表反序安排。

```
function_head
:kFUNCTION
{
...
        /*创建局部符号表*/
        ptab=new_symtab(top_symtab_stack());/*以栈顶符号表为父辈符号表,然后入栈*/
        push_symtab_stack(ptab);
}
yNAME parameters oCOLON
simple_type_decl
{
        ptab = top_symtab_stack();                  /*取栈顶符号表*/
        strncpy(ptab->name, $3, NAME_LEN);          /*设置子程序名称*/
        sprintf(ptab->rname, "rtn%03d",ptab->id); /*设置子程序标号*/
        ptab->defn = DEF_FUNCT;                     /*设置属性为FUNCT*/

        if($6->type_id == TYPE_SUBRANGE)/*以下是设置函数的返回值类型*/
            ptab->type = $6->first->type;
        else if($6->type_id == TYPE_ENUM)
            ptab->type = find_type_by_id(TYPE_INTEGER);
        else
            ptab->type = find_type_by_id($6->type_id);

        p = new_symbol($3, DEF_FUNCT, ptab->type->type_id);
        p->type_link = $6;
        add_symbol_to_table(ptab, p);        /*加入符号表*/
```

```
        reverse_parameters(ptab);          /*将参数链反序安排*/
...
}
;
```

上面的产生式有两组动作:第一组动作发生对函数头部分析刚开始时,主要是创建符号表的动作;第二组发生在对函数头部分析完成后,这时对函数的参数声明和返回值类型的分析已经完成,此处主要是对符号表的表头设置属性,由于是C语言方式传递参数,所以要修改参数链,把参数反序安排。在第二组动作中,还有一个重要的任务是为函数再生成一个symbol结构,该symbol结构的属性与符号表头的属性对应,把这个symbol结构加入符号表。这样做是因为函数在表达式中不仅可以做左值,而且可以做右值。

函数充当左值时,是为了设定返回值

```
func := i * 3;
```

函数充当右值时,是为了取得函数值

```
s := func(4) * 3;
```

这表明函数具有与普通变量相同的性质,所以为函数也生成symbol结构,便于统一处理。下面的产生式分析参数声明,参数有值参和变参两类,这里只处理值参类型。

参数声明的形式为:

```
(i, j : integer; c : char; s : integer)
```

可以看出,与前面变量定义的形式是基本一样的,所以执行的翻译动作也类似,只是属性值有些不同。语句的解释参见前面内容。

```
parameters
:oLP para_decl_list oRP
{
        ptab = top_symtab_stack();
        ptab->local_size = 0;
}
|
;

para_decl_list
:para_decl_list oSEMI para_type_list
|para_type_list
;

para_type_list      /*值参类型*/
: val_para_list oCOLON simple_type_decl
{
        ptab = top_symtab_stack();
        for(p = $1; p ;){
```

```
            if($3->type_id
                == TYPE_SUBRANGE)
                    p->type = $3->first->type;
            else if ($3->type_id == TYPE_ENUM)
                    p->type = find_type_by_id(TYPE_INTEGER);
            else
                    p->type = find_type_by_id($3->type_id);
            p->type_link = $3;
            p->defn = DEF_VALPARA;

            q = p; p = p->next;
            q->next = NULL;
            add_symbol_to_table(ptab,q);
#ifdef GENERATE_AST
...
#endif
        }

        $1 = NULL;
}
| var_para_list oCOLON simple_type_decl
{
        ptab = top_symtab_stack();
        for(p = $1; p;){
            if($3->type_id == TYPE_SUBRANGE)
                    p->type = $3->first->type;
            else if($3->type_id == TYPE_ENUM)
                    p->type = find_type_by_id(TYPE_INTEGER);
            else
                    p->type = find_type_by_id($3->type_id);
            p->type_link = $3;
            p->defn = DEF_VARPARA;
            q = p; p = p->next;
            q->next = NULL;
            add_symbol_to_table(ptab,q);
#ifdef GENERATE_AST
...
#endif
        }
        $1 = NULL;
}
;
```

```
val_para_list
:name_list
;

var_para_list
:kVAR name_list
{
        $ $  =  $ 2;
}
;
```

注:上面一组产生式处理的只是形参,而实参将在调用语句的翻译中处理。

6.4.2 表达式的翻译

有关表达式的非终结符体系为:

expresion_list	以分号链接的表达式
expression(表达式)	用关系操作符(大于,小于等)连接的式子
expr(式子)	用加、减、或操作连接的项目
term(项目)	用乘、除、与操作连接的因子
factor(因子)	常数、变量、负数、函数调用、括号中的表达式等基本元素

1. 因子(factor)的翻译

可以充当因子的有:常数(3, false, 'c', mon 等),简单变量名(a, b, i, j 等),函数调用(funct,funct (3,5)等),用括号括起来的表达式(如(a+3)等),数组元素(s [5]等),记录的域(someone. age 等),以及前面带有负号、逻辑"非"操作符号的因子(-34, NOT FLAG 等)。处理 factor 的结果是:生成代码把因子的值装入 AL、AX 或 DX:AX。

(1) 标识符充当因子:

```
factor: yNAME      /* 标识符充当因子 */
{
        p = NULL;
        /* 从栈顶符号表开始查找标识符,标识符可能是常量、变量、枚举元素 */
        if((p = find_symbol(
            top_symtab_stack(), $1)))
        {
            if(p->type->type_id == TYPE_ARRAY
                || p->type->type_id == TYPE_RECORD)
            {
                parse_error("rvalue expected", "");
                return 0;
            }
        }
        else if ((ptab = find_routine( $1)) == NULL)
```

```
        {
            parse_error("Undeclard identificr", $1);
            p = install_temporary_symbol($1, DEF_VAR, TYPE_INTEGER);
            /* return 0; */
        }
#ifdef GENERATE_AST
...
#else
        if(p)
        {
            $$ = p;
            do_factor(p); /* 处理因子,将因子的值装入 AL、AX 或 DX:AX */
        }
        else
        {
                $$ = do_function_call(ptab); /* 执行函数调用 */
        }
#endif
}
```

函数 do_factor 说明:函数 void do_factor(symbol *sym)是整个 factor 产生式的核心动作,它的任务是把常量或变量装入 AX(整型、布尔型),AL(字符型)。对于常量,生成的代码一般是:

```
mov         al, 'c'             字符型
mov         ax, 020h            整型
```

对于全局变量,或者本级函数内部的局部变量,生成的代码一般是:

```
mov     ax,word ptr vi_004      整型
mov     al, byte ptr vc_003     字符型
```

如果是外层局部变量.,要通过静态链查找正确的栈帧,生成的代码一般是:

```
mov     bx,bp
mov     bp,static_link
mov     bp,static_link
...
mov         ax,word ptr vt_003
mov         bp,bx
```

(2) 带参的函数充当因子:

```
(factor) | yNAME /* 带参的函数充当因子,则执行函数调用 */
            { if (ptab = find_routine ( $1) )      /* 找到标识符对应的函数 */
                    Push_call_stack (ptab);        /* 其符号表压入调用堆栈 */
              else          /* 这样做是为了处理参数中可能出现的函数调用 */
```

```
            parse_error ("Undeclared function", $1);
        }
        oLP args_list oRP       /*非终结符 arg_list 完成参数压栈动作*/
        {           /*取出栈顶的函数符号表产生执行函数调用动作*/
            $$ = do_function_call (pop_call_stack() );
        }
```

函数 do_function_call 说明:函数 symbol * do_function_call(symtab * callee)生成函数调用的汇编代码,其实就是生成调用者建立调用帧的代码。主要动作是:

①确定调用者与被调用者的层次,将静态链压入栈。静态链有三种方式生成:

如果 callee_level = caller_level,则产生

```
push    static_link
```

即调用者与被调用者的静态链是相同的,都指向父辈栈帧。

如果 callee_level = caller_level+1,则产生

```
push        bp
```

即被调用者的静态链指向调用者的栈帧。

如果 callee_level<caller level,则产生(n = caller_ level - callee_level+1)

```
mov     bx, bp                  保护当前 BP
mov     bp, static_link         共通过 n 级栈帧(如果 n=3,就有 3 条相同的指令)
mov     bp, static_link
…
push    bp              静态链入栈
mov     bp,bx           恢复当前 BP
```

即被调用者静态链指向与调用者共同的祖先栈帧。

②执行转移至子程序,产生代码

```
call rtn005         转子程序
```

(3)常量充当因子:对于常量充当因子的情况,非终结符 const_value 已经为该常量生成了 symbol 结构,但这是匿名常量,只能按值访问,而不能按名访问。

```
|const_value
{
        switch( $1->type->type_id){
                case TYPE_REAL:
                case TYPE_STRING:
                        add_symbol_to_table(Global_symtab, $1);
                        break;
                case TYPE_BOOLEAN:
                        sprintf( $1->rname, "%d", (int)( $1->v.b));
                        break;
                case TYPE_INTEGER:
```

```
                        if($1->v.i > 0)
                                sprintf($1->rname,"0%xh", $1->v.i);
                        else
                                sprintf($1->rname, "-0%xh", -($1->v.i));
                        break;
                case TYPE_CHAR:
                        sprintf($1->rname, "'%c'", $1->v.c);
                        break;
                default:
                        break;
        }
#ifdef GENERATE_AST
...
#else
        do_factor($1);
#endif
}
```

(4)带括号的表达式作为因子:对于带括号的表达式作为因子的情况,可以直接去掉括号,找到虚符号,并将括号内表达式的类型作为其综合属性,传递给上一级产生式。

```
|oLP expression oRP
{
#ifdef GENERATE_AST
...
#else
        $$ = find_symbol(NULL, "");
        $$->type = find_type_by_id($2);
#endif
}
```

(5)前面带有逻辑非操作符的因子:对于前面带有逻辑非操作符的因子来说,直接生成逻辑非操作的代码。

```
|kNOT factor
{
#ifdef GENERATE_AST
...
#else
        do_not_factor($2);
        $$ = $2;
#endif
}
```

(6)前面带有负号的因子:对于前面带有负号的因子,直接生成求反操作的代码。

```
|oMINUS factor
{
#ifdef GENERATE_AST
...
#else
        do_negate($2);
        $$ = $2;
#endif
}
```

(7)数组元素作为因子:对于数组元素作为因子,必须找到已经定义的数组变量,如果发现未定义的标识符或者标识符不是数组类型时,需作出相应出错处理。在这里,还要考虑到数据的嵌套访问处理。

```
|yNAME oLB
{
        p = find_symbol(
                top_symtab_stack(), $1);

        if(!p || p->type->type_id != TYPE_ARRAY){
                parse_error("Undeclared array name", $1);
                return 0;
        }

        push_term_stack(p);

#ifdef GENERATE_AST
#else
        emit_load_address(p);
        emit_push_op(TYPE_INTEGER);
#endif
}
expression oRB
{
#ifdef GENERATE_AST
...
#else
        p = pop_term_stack(p);
        do_array_factor(p);
        emit_load_value(p);
        $$ = p->type_link->last;
#endif
}
```

(8)记录的域作为因子:对于记录的域作为因子,直接检查记录名和域名,根据域的偏移量计算记录域的地址,实现域值的载入动作。

```
|yNAME oDOT yNAME
{
        p = find_symbol(top_symtab_stack(), $1);
        if(! p || p->type->type_id ! = TYPE_RECORD) {
                parse_error("Undeclared record variable", $1);
                return 0;
        }
        q = find_field(p, $3);
        if(! q || q->defn ! = DEF_FIELD){
                parse_error("Undeclared field ", $3);
                return 0;
        }

#ifdef GENERATE_AST
...
#else
        emit_load_address(p);
        emit_push_op(TYPE_INTEGER);
        do_record_factor(p,q);
        emit_load_field(q);
        $$ = q;
#endif
}
;
```

2. 项目(term)的翻译

非终结符 term 处理由乘(mul)、除(div)、取模(mod)、逻辑与(and)操作连接的因子,如 a * 2,sum/num,m and n ...等,生成的代码一般如下(以整型量为例):

```
...               由 factor 生成的代码,它将第一个因子的值放入 AX
push    ax        第一个因子(即第一个操作数)压栈
...               由 factor 生成的代码,它将第二个因子的值放入 AX
pop     dx        弹栈,将第一个操作数送入 DX
mul     dx        执行相应运算操作,这里以乘法操作为例:dx:ax = dx * ax,结果高位存在 DX,低
                  位保存在 AX 中
```

在函数 do_term 内部,主要是生成并先弹出第一个操作数,再根据操作数类型和运算符执行运算的代码序列。

产生式和翻译规则如下:

```
term    :term
{
```

```
#ifdef GENERATE_AST
#else
            emit_push_op($1->type->type_id);
#endif
}
oMUL factor
{
#ifdef GENERATE_AST
            $$ = binary_expr_tree(MUL, $1, $4);
#else
            do_term($4,oMUL);
#endif
}
| term
{
#ifdef GENERATE_AST
#else
            emit_push_op($1->type->type_id);
#endif
}
oDIV factor
{
#ifdef GENERATE_AST
            $$ = binary_expr_tree(DIV, $1, $4);
#else
            do_term($4,kDIV);
#endif
}
|term
{
#ifdef GENERATE_AST
#else
            emit_push_op($1->type->type_id);
#endif

}
kDIV factor
{
#ifdef GENERATE_AST
            $$ = binary_expr_tree(DIV, $1, $4);
#else
            do_term($4, kDIV);
#endif
```

```
}
|term
{
#ifdef GENERATE_AST
#else
        emit_push_op($1->type->type_id);
#endif

}
kMOD factor
{
#ifdef GENERATE_AST
        $$ = binary_expr_tree(MOD, $1, $4);
#else
        do_term($4, kMOD);
#endif
}
|term
{
#ifdef GENERATE_AST
#else
        emit_push_op($1->type->type_id);
#endif
}
kAND factor
{
#ifdef GENERATE_AST
        $$ = binary_expr_tree(AND, $1, $4);
#else
        do_term($4,kAND);
#endif
}
|factor
{
        $$ = $1;
}
;
```

3. 式子(expr)的翻译

非终结符 expr 处理由加(add)、减(sub)、或(or)操作连接的项目,如 3+4,s-m,x or y …,生成代码的方式与 term 的一样,只是 expr 的两个操作数是由 term 提供的。以整型量加法为例:

```
    ...            由 term 生成的代码,将第一个操作数放入 AX
```

```
push ax        第一个操作数压栈
...            由 term 生成的代码,将第二个操作数放入 AX
pop  dx        弹栈,将第一个操作数送入 DX
add  ax, dx    执行加法操作,AX = AX + DX,结果在 AX
```

函数 do_ expr 与 do_ term 生成代码的方式一样。

```
expr:expr
{
#ifdef GENERATE_AST
#else
        emit_push_op( $1->type->type_id);
#endif
}
oPLUS term
{
#ifdef GENERATE_AST
        $$ = binary_expr_tree(ADD, $1, $4);
#else
        do_expr( $4,oPLUS);
#endif
}
|expr
{
#ifdef GENERATE_AST
#else
        emit_push_op( $1->type->type_id);
#endif
}
oMINUS term
{
#ifdef GENERATE_AST
        $$ = binary_expr_tree(SUB, $1, $4);
#else
        do_expr( $4 ,oMINUS);
#endif
}
|expr
{
#ifdef GENERATE_AST
#else
        emit_push_op( $1->type->type_id);
#endif
}
```

```
kOR term
{
#ifdef GENERATE_AST
        $$ = binary_expr_tree(OR, $1, $4);
#else
        do_expression($4,kOR);
#endif
}
|term
{
#ifdef GENERATE_AST
        $$ = $1;
#endif
}
;
```

4. 表达式(expression)的翻译

非终结符 expression 处理由关系操作符(>, <, >=, <=, =, <>)连接的式子,如 a<b, s>=3…,生成代码的方式为:由 expr 生成的第一个操作数通过堆栈送入 DX,expr 生成的第二个操作数存放在 AX, 再执行比较指令,如结果为真,则置 AX 的值为 1,否则置 AX 的置为 0,典型的代码序列如下:

```
...                 由 expr 生成的代码,将第一个操作数送入 AX
push    ax          第一个操作数压栈
...                 由 expr 生成的代码,将第二个操作数送入 AX
pop     dx          弹栈,将第一个操作数送入 DX
cmp     dx, ax      比较两个操作数
mov     ax, 1       先将 AX 预置为 1
jg      j_004       以大于操作为例,若 DX>AX,则跳过对 AX 清零的操作
sub     ax, ax      对 AX 清零
j_004 :             出口,此时 AX 已含有比较结果
```

每次一调用函数 do_expression 会自动产生一个新的跳转标号。

```
expression
:expression
{
#ifdef GENERATE_AST
#else
    emit_push_op($1);
#endif
}
oGE expr
{
#ifdef GENERATE_AST
```

```
        $ $ = compare_expr_tree(GE, $ 1, $ 4);
#else
        do_expression( $ 4, oGE);
        $ $ = TYPE_BOOLEAN;
#endif
}
|expression
{
#ifdef GENERATE_AST
#else
        emit_push_op( $ 1);
#endif
}
oGT expr
{
#ifdef GENERATE_AST
        $ $ = compare_expr_tree(GT, $ 1, $ 4);
#else
        do_expression( $ 4, oGT);
        $ $ = TYPE_BOOLEAN;
#endif
}
|expression
{
#ifdef GENERATE_AST
#else
    emit_push_op( $ 1);
#endif
}
oLE expr
{
#ifdef GENERATE_AST
        $ $ = compare_expr_tree(LE, $ 1, $ 4);
#else

        do_expression( $ 4,oLE);
        $ $ = TYPE_BOOLEAN;
#endif
}
|expression
{
#ifdef GENERATE_AST
#else
```

```
        emit_push_op($1);
#endif
}
oLT expr
{
#ifdef GENERATE_AST
        $$ = compare_expr_tree(LT, $1, $4);
#else
        do_expression($4,oLT);
        $$ = TYPE_BOOLEAN;
#endif
}
|expression
{
#ifdef GENERATE_AST
#else
        emit_push_op($1);
#endif
}
oEQUAL expr
{
#ifdef GENERATE_AST
        $$ = compare_expr_tree(EQ, $1, $4);
#else
        do_expression($4,oEQUAL);
        $$ = TYPE_BOOLEAN;
#endif
}
|expression
{
#ifdef GENERATE_AST
#else
        emit_push_op($1);
#endif
}
oUNEQU expr
{
#ifdef GENERATE_AST
        $$ = compare_expr_tree(NE, $1, $4);
#else
        do_expression($4,oUNEQU);
        $$ = TYPE_BOOLEAN;
#endif
```

```
}
| expr
{
#ifdef GENERATE_AST
        $$ = $1;
#else
        $$ = $1->type->type_id;
#endif
}
;
```

6.4.3 语句和控制流的翻译

对语句和控制流翻译的主要内容有：赋值语句、过程调用语句、复合语句、if 语句、repeat 语句、while 语句、for 语句和 case 语句。

1. 赋值语句的翻译

赋值语句是构成程序体的基本语句。翻译赋值语句的任务是：计算在赋值符号左边变量的地址和在赋值符号右边表达式的值，然后送入左值所指的内存单元。可以充当左值的符号是普通变量、函数名、数组元素、记录的域。充当右值的必然是表达式。所以，有三种形式的赋值语句：

```
f := 4;       {左值是一普通变量名，或是函数名}
s[4] := 'c'; {左值是数组元素}
t.size := 44; {左值是记录的域}
```

在翻译中最主要的问题是如何计算左值的地址，右值已经由 expression 完成了。另一个问题是赋值相容(Assignment Compatiblity)的问题。在这里，由于类型体系很简单，可以简化成只考虑类型同一(Type Equivalence)的情况。

下面是各类有关赋值语句的产生式的翻译。

(1)赋值语句的左值是变量名的情况。

```
assign_stmt
:yNAME oASSIGN expression
{
    p = find_symbol(top_symtab_stack(), $1);  /*查找左值标识符*/
    if (p == NULL)
    {
        parse_error("Undefined identifier", $1);
        p = install_temporary_symbol($1, DEF_VAR, TYPE_INTEGER);
    }
    if(p->type->type_id == TYPE_ARRAY
      || p->type->type_id == TYPE_RECORD)  /*数组和记录名不能作左值*/
    {
        parse_error("lvalue expected","");
```

```
        /* return 0; */
    }

    if (p && p->defn != DEF_FUNCT)     /* 找到的符号是一个变量名 */
    {
    #ifdef GENERATE_AST
        if(p->type->type_id != $3->result_type->type_id)
    #else
        if(p->type->type_id != $3)  /* 如果赋值号两端的类型不相同,则报错 */
    #endif
        {
            parse_error("type mismatch","");
            /* return 0; */
        }
    }
    else
    {
        ptab = find_routine($1);   /* 查找标识符对应的函数 */
        if(ptab)
        {
        #ifdef GENERATE_AST
            if(ptab->type->type_id != $3->result_type->type_id)
        #else
            if(ptab->type->type_id != $3)
        #endif
            {
                parse_error("type mismatch","");
                /* return 0; */
            }
        }
        else{
            parse_error("Undeclared identifier.", $1);
        #ifdef GENERATE_AST
                install_temporary_symbol($1, DEF_VAR, $3->result_type->type_id);
        #else
            install_temporary_symbol($1, DEF_VAR, $3);
        #endif
            /* return 0; */
        }
    }

#ifdef GENERATE_AST
    t = address_tree(NULL, p);
```

```
    $$ = assign_tree(t, $3);

    /* append to forest. */
    list_append(&ast_forest, $$);

#else

    if (p && p->defn != DEF_FUNCT)
    {
        do_assign(p, $3);           /* 生成赋值代码 */
    }
    else
    {
        do_function_assign(ptab, $3);
    }
#endif
}
```

函数 do_assign 说明：函数 void do_assign(symbol *sym, int src_type)是 assign_stmt 产生式的核心动作，它执行的动作是生成保存右值的代码，计算左值地址的代码，执行赋值动作的汇编代码。

以 a:=4 为例。在执行 do_assign 之前，已经由 do_factor 生成了装入右值的代码：

```
mov    ax, 4
```

然后由 do_assign 生成后序代码。

如果 a 是全局变量，则用直接寻址方式：

```
mov    word ptr va_003, ax      AX⇒[va_003]
```

如果 a 是当前函数内部的变量，那么变量就在最顶端的栈帧内：

```
push   ax                       右值压栈
lea    ax,word ptr va_003       变量的有效地址装入 AX
push   ax                       有效地址压栈
pop    bx                       弹栈，有效地址装入 BX
pop    ax                       弹栈，右值装入 AX
mov    word ptr [bx],ax         AX 中的值送入 BX 所指的内存单元中
```

如果 a 是当前函数外部的变量，即变量在父辈栈帧内，则应该通过静态链访问变量：

```
push   ax                       右值压栈
mov    bx, bp                   保存当前基址指针
mov    bp,static_link           通过若干级静态链，转到正确的栈帧
...
lea    ax,word ptr va_003       变量的有效地址装入 AX
mov    bp, bx                   恢复当前基址指针
```

```
push    ax                    有效地址压栈
pop     bx                    弹栈,有效地址送入 BX
pop     ax                    弹栈,右值装入 AX
mov     word ptr [bx], ax     AX 中的值送入 BX 所指的内存单元中
```

(2) 赋值语句的左值是数组元素的情况。

```
|yNAME oLB
{
        p = find_symbol(top_symtab_stack(), $1);
        if(! p || p->type->type_id != TYPE_ARRAY){
                parse_error("Undeclared array name", $1);
                return 0;
        }
/* 数组名压入符号栈,当 expression 计算下标时,会修改 p 的指向,必须把数组名保护起来 */
        push_term_stack(p);
#ifdef GENERATE_AST
#else
        emit_load_address(p);              /* 计算数组的基址 */
        emit_push_op(TYPE_INTEGER);        /* 基址压栈 */
#endif
}
expression oRB      /* 由非终结符 expression 计算下标值 */
{
        p = top_term_stack();      /* 取出数组名 */
#ifdef GENERATE_AST
...
#else
        do_array_factor(p);        /* 计算数组元素的地址 */
#endif
}
oASSIGN expression      /* 由非终结符 expression 计算右值 */
{
#ifdef GENERATE_AST
...
#else
        p = pop_term_stack(); /* 数组名退栈 */
        do_assign(p, $8);      /* 生成赋值代码 */
#endif
}
```

(3)赋值语句的左值是记录域的情况。

```
|yNAME oDOT yNAME
{
```

```
        p = find_symbol(top_symtab_stack(), $1); /* 找记录名 */
        if(!p || p->type->type_id != TYPE_RECORD){
                parse_error("Undeclared record vaiable", $1);
                return 0;
        }

        q = find_field(p, $3);          /* 找域名 */
        if(!q || q->defn != DEF_FIELD){
                parse_error("Undeclared field", $3);
                return 0;
        }

#ifdef GENERATE_AST
...
#else
        emit_load_address(p);                  /* 取出记录基址 */
        emit_push_op(TYPE_INTEGER);           /* 基址压栈 */
        do_record_factor(p,q);                 /* 计算域的地址 */
        push_term_stack(p);           /* 保护记录名和域名 */
        push_term_stack(q);
#endif
}
oASSIGN expression
{
#ifdef GENERATE_AST
...
#else
        q = pop_term_stack();       /* 恢复记录名和域名 */
        p = pop_term_stack();
        do_assign(q, $6);      /* 生成赋值代码 */
#endif
}
;
```

2. 过程语句的翻译

过程调用的翻译方法与函数调用一样,只是没有综合属性传向上一级的动作。

(1) 无参数的过程调用。

```
proc_stmt
:yNAME
{
        ptab = find_routine($1);           /* 查找过程标识 */
        if(!ptab || ptab->defn != DEF_PROC){
                parse_error("Undeclared procedure", $1);
```

```
                return 0;
        }

#ifdef GENERATE_AST
...
#else
        do_procedure_call(ptab);        /* 执行过程调用 */
#endif
}
```

(2)带参数的过程调用。

```
|yNAME
{
        ptab = find_routine($1);
        if(! ptab || ptab->defn ! = DEF_PROC){
                parse_error("Undeclared procedure", $1);
                return 0;
        }
        push_call_stack(ptab);         /* 保护过程标识符 */
}
oLP args_list oRP       /* 由 args_list 完成参数压栈过程 */
{
#ifdef GENERATE_AST
...
#else
        do_procedure_call(top_call_stack());
#endif
        pop_call_stack();
}
```

3. if 语句的翻译

对于 IF expression THEN if-clause ELSE else－clause,产生的代码结构如下:

```
            ...                     由 expression 生成的代码,结果保存在 AX
            cmp     ax, 1           测试 expression 是否为真
            je      if_true01       如结果为真,跳转到 if-clause
            jmp     if_false01      否则跳转到 else-clause
if_true01:                          if-clause 的入口标号
            ...                     由 if-clause 生成的代码
            jmp     if_exit01       if-clause 结束,跳转到 if 结构出口
if_false01:                         else-clause 的入口标号
            ...                     由 else-clause 生成的代码,没有 else 语句则此处为空
if_exit01:                          if 结构的出口
```

翻译方法如下：

```
if_stmt
:kIF
{
#ifdef GENERATE_AST
        push_lbl_stack(if_label_count++);
#endif
}
expression kTHEN
{
#ifdef GENERATE_AST
        snprintf(mini_buf, sizeof(mini_buf) - 1, "if_false_%d", top_lbl_stack());
        mini_buf[sizeof(mini_buf) - 1] = 0;
        new_label = new_symbol(mini_buf, DEF_LABEL, TYPE_VOID);

        t = cond_jump_tree($3, false, new_label);
        list_append(&ast_forest, t);
#else
        do_if_test();       /*输出比较跳转代码*/
#endif
}
stmt
{
#ifdef GENERATE_AST
        snprintf(mini_buf, sizeof(mini_buf) - 1, "if_false_%d", top_lbl_stack());
        mini_buf[sizeof(mini_buf) - 1] = 0;
        new_label = new_symbol(mini_buf, DEF_LABEL, TYPE_VOID);

        t = label_tree(new_label);
        push_ast_stack(t);

        snprintf(mini_buf, sizeof(mini_buf) - 1, "if_exit_%d", top_lbl_stack());
        mini_buf[sizeof(mini_buf) - 1] = 0;
        exit_label = new_symbol(mini_buf, DEF_LABEL, TYPE_VOID);

        /* append jump tree. */
        t = jump_tree(exit_label);
        list_append(&ast_forest, t);

        /* append label tree. */
        t = pop_ast_stack();
        list_append(&ast_forest, t);
```

```
#else
        do_if_clause();     /* 输出 if-clause 结束处的跳转和标号代码 */
#endif
}
else_clause
{
#ifdef GENERATE_AST
        /* append exit label. */
        snprintf(mini_buf, sizeof(mini_buf) - 1, "if_exit_%d", top_lbl_stack());
        mini_buf[sizeof(mini_buf) - 1] = 0;
        exit_label = new_symbol(mini_buf, DEF_LABEL, TYPE_VOID);

        t = label_tree(exit_label);
        list_append(&ast_forest, t);
        pop_lbl_stack();

#else
        do_if_exit();       /* 输出 if 结构出口处的标号 */
#endif
}
|kIF error
{
        printf("expression expected.\n");
}
kTHEN
{
        printf("then matched.\n");
}
stmt else_clause
;

else_clause
:kELSE stmt
|
;
```

注:在 if-else 结构的代码中采用了条件转移(je)和非条件转移(jmp)指令组合使用的结构,这是因为所有条件转移指令(je, jne, jle, jl, jg, jge)的转移范围只有 -127~128 字节,而 jmp 指令却可以在很大的范围内转移。在后面的语句翻译中也采用了这种结构。

4. repeat 语句的翻译

REPEAT 语句是“先执行再测试”的结构,对 REPEAT statement list UNTIL expression 输出的代码结构是:

```
rpt01:                      循环入口的标号
        ...                 由 statement_list 生成的循环体代码
        ...                 由 expression 生成的表达式代码
        cmp    ax, 1        测试 expression 的结果
        je  rpt_exit01      结果为真,则跳出循环结构
        jmp rpt01           结果为假,则跳到循环入口处,继续执行循环
rpt_exit01:                 循环结构出口
```

翻译规则如下:

```
repeat_stmt
:kREPEAT
{
#ifdef GENERATE_AST
        push_lbl_stack(repeat_label_count++);
        snprintf(mini_buf, sizeof(mini_buf) - 1, "repeat_%d", repeat_label_count - 1);
        mini_buf[sizeof(mini_buf) - 1] = 0;
        new_label = new_symbol(mini_buf, DEF_LABEL, TYPE_VOID);
        t = label_tree(new_label);
        list_append(&ast_forest, t);
#else
        do_repeat_start();      /* 产生起始点的标号 */
#endif
}
stmt_list kUNTIL expression
{
#ifdef GENERATE_AST
        snprintf(mini_buf, sizeof(mini_buf) - 1, "repeat_%d", top_lbl_stack());
        mini_buf[sizeof(mini_buf) - 1] = 0;
        new_label = new_symbol(mini_buf, DEF_LABEL, TYPE_VOID);
        t = cond_jump_tree($5, false, new_label);
        list_append(&ast_forest, t);
        pop_lbl_stack();
#else
        do_repeat_exit();       /* 产生结束处的测试跳转 */
#endif
}
;
```

注:为了支持多重循环,语义子程序内部建立了堆栈。在循环入口处将有关标号入栈,在循环出口处将标号出栈,生成代码时都从栈顶获取标号,这样就能保证跳转正确。具体的堆栈操作详见代码。以下的 WHILE,FOR 结构中的语义子程序内部也都建有堆栈。

5. while 语句的翻译

while 语句是"先测试,再执行"的结构,对 WHILE expression DO statement 输出的代码

结构是:

```
while_test01:                          测试点的标号
        ...                            由 expression 生成的表达式代码
            cmp ax,1                   测试 expression 的结果是否为真
            je while01                 结果为真,则转到循环体的入口处
            jmp while_exit01           结果为假,则转到循环体的出口处
    while01:                           循环体的入口标号
        ...                            由 statement 生成的循环体代码
            jmp while_test01           跳转到测试点
while_exit01:                          循环体的出口
```

翻译规则如下:

```
while_stmt
:kWHILE
{
#ifdef GENERATE_AST
...
#else
        do_while_start(); /* 产生测试点的标号 */
#endif
}
expression kDO
{
#ifdef GENERATE_AST
...
#else
        do_while_expr(); /* 产生测试跳转代码和循环体入口标号 */
#endif
}
stmt
{
#ifdef GENERATE_AST
...
#else
        do_while_exit(); /* 产生跳转到测试点的代码和出口标号 */
#endif
}
;
```

6. for 语句的翻译

对语句 FOR yNAME oASSIGN expression-1 direction expression-2 DO statement 产生的代码结构如下:

```
        ...                       由 expression-1 生成的代码(计算初值)
        mov vi_002,ax             给循环变量赋初值
for_test01:                       测试点的标号
        ...                       由 expression-2 生成的代码(计算终值)
        cmp word ptr vi_002,ax    循环变量与终值作比较
        jle for01                 条件成立,跳转到循环体入口(以递增循环为例)
        jmp for_exit01            条件为假,则跳转到循环体出口
    for01:                        循环体入口标号
        ...                       由 statement 生成的循环体代码
        inc word ptr vi_002       把循环变量的值递增 1
        jmp for_test01            跳转到测试点
for_exit01:                       循环体出口标号
        dec word ptr vi_002       恢复循环变量的值为终值
```

翻译规则如下:

```
for_stmt
:kFOR yNAME oASSIGN expression
{
        p = find_symbol(top_symtab_stack(), $2);
        if(! p || p->defn != DEF_VAR)
        {
            parse_error("lvalue expected","");
            return 0;
        }

        if(p->type->type_id == TYPE_ARRAY
            || p->type->type_id == TYPE_RECORD)
        {
            parse_error("lvalue expected","");
            return 0;
        }
#ifdef GENERATE_AST
...
#else
        do_for_start(p); /* 给循环变量赋初值,输出测试点标号 */
#endif
}
direction expression kDO
{
#ifdef GENERATE_AST
...
#else
        do_for_test($6); /* 输出测试跳转代码 */
```

```
#endif
}
stmt
{
#ifdef GENERATE_AST
...
#else
        do_for_exit(); /* 输出出口点代码和标号 */
#endif
}
;

direction
:kTO
{
        $ $  = kTO;
}
|kDOWNTO
{
        $ $  = kDOWNTO;
}
;

```

7. case 语句的翻译

case 语句是一种多路跳转的结构,可以把它变成多重 if 结构来处理,但为了提高代码效率,编译器采用了跳转表的结构。举例说明如下:

```
case x of
  1:BEGIN y: = 4; ... END;
  2:BEGIN y: = 8; ... END;
end
```

生成的代码结构是:

```
        ...                         计算条件变量的代码,由 expression 生成
        push cx                     保护当前的 CX 值
        mov cx, ax                  AX⇒CX,则 CX 内是条件变量的值
        jmp cs1_tst                 跳转到测试入口
csla_01:                            第一个条件成立时,动作代码的入口
        mov word ptr vy_002,4       第一个条件下的动作代码,由 stmt 生成
        ...
        jmp cs1_x                   动作代码结束,跳转到 case 语句出口
csla_02:                            第二个条件成立时,动作代码的入口
        mov word ptr vy_002,8       第二个条件下的动作代码
```

```
        ...
        jmp cs1_x               动作代码结束,跳转到 case 语句出口
cs1_tst:                        case 语句的测试入口标号
        mov   ax, 1             装入第一个条件常量,第一个测试的入口
        cmp   cx, ax            与条件变量进行比较
        jne   csln_01           如条件不成立,转到第一个条件测试出口
        jmp   csla_01           如条件成立,转到第一个条件下的动作代码
csln_01:                        第一个条件测试的出口
        mov   ax, 2             装入第二个条件常量,第二个测试的入口
        cmp   cx, ax            与条件变量进行比较
        jne   csln_02           如条件不成立,转到第二个条件测试出口
        jmp   csla_02           如条件成立,转到第二个条件下的动作代码
csln_02:                        第二个条件测试的出口
cs1_x:                          case 语句的出口
        pop   cx                恢复当前 CX
```

在上面的代码中,没有采用条件跳转指令(je, jne, jle, jl, jge, jg)转到动作代码的入口,因为条件跳转指令的跳转范围太小,只有 -127～128 字节,而动作代码往往有很多。所以采用条件跳转和无条件跳转组合使用的结构。

翻译规则:

· case 语句开始时,由 expression 生成条件变量的代码,然后保护 CX,生成跳转到测试入口的指令,并在此时构造一个空队列 QUEUE。

· 处理每一个 case 条件表达式,其结构为 const_value oCOLON stmt,把由 const_value 生成的 symbol 结构加到队列的末尾,然后生成动作代码的入口标号,最后由 stmt 产生有关动作的代码。

· 在所有 case 条件表达式处理完后,产生测试入口标号,按顺序处理队列中每一个条件常量,为每一个常量生成测试跳转的代码。

· 处理完所有的 case 条件常量后,产生 case 语句出口标号,并恢复 CX。

相应的产生式和语义子程序如下:

```
case_stmt
:kCASE
{
#ifdef GENERATE_AST
...
#endif
}
expression kOF
{
#ifdef GENERATE_AST
#else
        do_case_start();    /* 生成 case 入口代码 */
```

```
#endif
}
case_expr_list
{
#ifdef GENERATE_AST
...
#else
        do_case_test();      /*生成所有测试跳转代码*/
#endif
}
kEND
;

case_expr_list
:case_expr_list case_expr
|case_expr
;

case_expr
:const_value
{
#ifdef GENERATE_AST
...
#else
        add_case_const($1); /*条件常量进队,用于生成动作入口标号*/
#endif
}
oCOLON stmt
{
#ifdef GENERATE_AST
...
#else
        do_case_jump();      /*动作结束,跳转至case出口*/
#endif
}
oSEMI
|yNAME
{
        p = find_symbol(
            top_symtab_stack(), $1);
        if(! p){
            parse_error("Undeclared identifier", $1);
            install_temporary_symbol($1, DEF_CONST, TYPE_INTEGER);
```

```
                    /* return 0; */
        }
        if(p->defn != DEF_ELEMENT
            &&p->defn != DEF_CONST){
                    parse_error("Element name expected","");
                    return 0;
        }
#ifdef GENERATE_AST
...
#else
        emit_load_value(p);
        add_case_const(p);
#endif
}
oCOLON stmt
{
#ifdef GENERATE_AST
...
#else
        do_case_jump();
#endif
}
oSEMI
;
```

由于 case 语句可以嵌套,所以语义子程序内建立了堆栈结构,栈内保护的是每条常量链表的第一个元素,这样每个常量对应的标号(序号)是它和栈顶常量的距离;而当前处理的链表始终是从栈顶元素发出的常量链表。

第7章 代码优化

本章讨论并实现一些局部优化的技术,对编译器生成的代码进行改进,提高代码的运行速度或者减少生成代码的长度。代码优化的问题比较复杂,内容较多,这里介绍几种较为基本的优化技术,包括常数合并和常数传播、公共表达式节省、循环优化。

本章将讨论这些优化技术的实现方法,包括优化用到的数据结构和实现优化技术的思路以及程序。

7.1 总体框架

局部优化实现用到的数据结构包括语法树、基本块、无环有向图(DAG)。

通过对语法树的搜索遍历,可以完成常数合并等优化操作。基于语法树的遍历,可以生成用于局部优化的DAG图。

数据结构中的基本块为单入口单出口的代码段,不包括跳转语句。

局部优化技术用到的数据结构DAG图,即无环有向图,是表示基本块内运算关系的图,说明每条语句计算的变量值如何被基本块内的后续语句所引用。DAG可以作为流图中的一个结点。利用DAG图可以识别出公共表达式,从而完成公共表达式节省的优化操作。

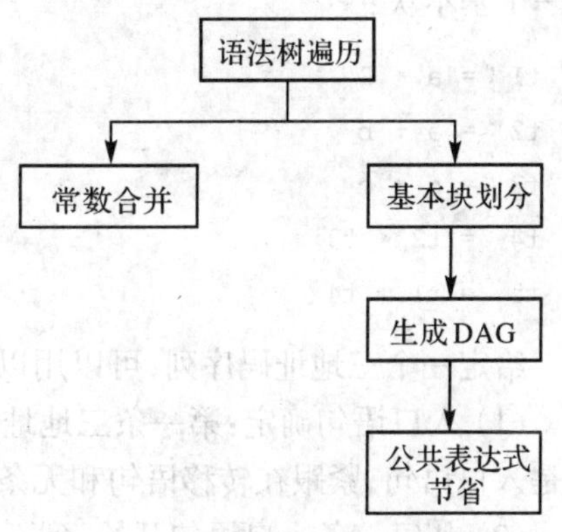

图7.1 代码优化技术实现过程框架图

基于以上数据结构可以实现常数合并、公共表达式节省和循环优化。总体框架如图7.1所示。

7.2 基本原理

7.2.1 代码优化分类

从优化的范围看,代码优化分为局部优化和全局优化。有些优化技术可以在局部也可以在全局范围内完成。通常是先执行局部优化然后执行全局优化。全局优化需要进行控制流和数据流分析,从全局范围内进行优化,因而优化率比较高,但是实现过程较为复杂,计算开销大。

基本块优化:是基于DAG图的基本块上进行的优化,包括常量表达式优化和公共表达式优化等。

循环优化:是在源程序中的循环体内进行的优化。包括不变表达式外提、强度削减等。

从编译的过程看,代码优化又可以分为三类,即分析器优化、线性优化和语法树优化。

分析器优化:是对分析器自身进行优化处理。在生成代码的分析器中,采取一般程序优化策略,如用逻辑左值取代物理左值、减少goto转移的次数等。

线性优化:也称为窥孔优化,是一种简单而有效的局部优化方法。一般通过检查目标指令的短序列,并尽可能地用更加短小精悍的指令序列来替代那些指令,从而达到提高目标程序的性能。

语法树优化:前面讨论的优化都可以通过线性输出结果(如三元组、四元组)实现。但是某些优化必须分析代码的总体结构,使用较复杂的优化技术。它们一般要利用代码的分析树或语法树,而不是直接对指令进行分析操作。因此,为了进行此类优化,分析器不是产生三元组的代码,而是以结构与指针来构造语法树。

很多优化技术是基于基本块来进行的。基本块是一个连续的语句序列,控制流从它的首句进入,从末尾句离开,除末尾句外不能有中断或者分支跳转。下面的三地址码序列就构成一个基本块:

```
t1 := a * 2
t2 := a + b
t3 := c * c
t4 := t2 * t3
t5 := t1 + t4
```

给定一个三地址码序列,可以用以下两种方式确定它的基本块序列:

(1) 入口语句确定:第一条三地址码是入口语句;由条件转移或者无条件转移到的语句都是入口语句;紧跟在转移语句和无条件转移语句后面的语句是入口语句。

(2) 从每一条入口语句开始,到下一个入口语句的前一句构成一个基本块(包括入口语句和下一入口语句的前一句)。

7.2.2 常量表达式优化

常量表达式是在一定范围内对固定常数值进行计算的表达式。如果能够避免这类表达式的反复计算,无疑会提高所生成代码的效率。常量表达式的优化包括常数合并和常量传播。

1. 常数合并

所谓常数合并就是在编译时事先计算好常量表达式的值,以避免生成运行时计算常量表达式的代码。如 x+4*5 可以用 x+20 来处理。虽然有些合并可以在分析器中完成,但是要指出的是分析器所能做的很有限。由于计算顺序的原因,分析器不能简单进行合并,一般来说,合并必须在单独的优化器中完成。例如,对于下面输入的SPL表达式 a+2+3,由

于从左到右执行计算,因此分析器不能按 a+5 来处理。分析器为其生成的代码是:

```
t1 = a
t1 + = 2
t1 + = 3
```

但是,单独优化器很容易发现 t1 被连续修改了两次,且两次之间没有对 t1 的引用。因此,上述代码可以被下面的代码代替:

```
t1 = a
t1 + = 5
```

这就是优化器所做的常数合并。

2. 常量传播

所谓常量传播是指这样的一种优化思路:某些变量在其可见的范围内,保持一个常数值,因而在这段范围中,凡是对该变量的引用就可以通过对它所含的引用来代替。这种传播将持续到该变量被改变为止。例如:

优化前代码	优化后代码

a = 3;
...
b = a;
	a = 3;
	...
	b = 3;

这样做的目的在于多数机器上,使常数对变量的赋值比内存之间复制效率更高。这种思想在语句上也可以应用,例如,有循环语句

```
int i,j;
for (i = 5,j = 0;j<i;j ++ )
    foo(i);
```

经分析,循环中 i 的值保持为 5,因此调用 foo(i)可以替换为 foo(5)。整个语句改为:

```
for (i = 5,j = 0;j<5;j ++ )
        foo (5);
```

具体实现中,对于常量传播的优化器中可以建立记录含常量的变量表,使得每个活动的变量在该表中有一个入口,同时修正内部入口记录代码中的数值。例如:

优化前代码	优化后代码

t0 = 1;
t0 + = 2;
t1 = t0;
	t0 = 1 ;
	t0 + =2;
	t1 = 3;

优化器读到第三个代码时,使用该常数修正值代替原来的变量之间的赋值。

7.2.3　公共表达式的优化

在基本块上进行的优化还有公共表达式的优化,比如公共表达式的节省,其目标是消除等价表达式值的重复计算。所谓公共表达式是指运算符和操作数或者变量相同且操作数取值不变的中间代码表达式。如果在一个基本块内有以下代码:

```
...
a = b*c;
...
d = b*c;
...
```

因在这两条代码之间,b 和 c 的值都没有改变,故 b * c 就是公共表达式。但如果代码序列为:

```
...
a = b*c;
b = t;
d = b*c;
...
```

由于 b 的值被修改过,b * c 就不是公共表达式了。如果有代码序列:

```
...
a = b*c;
m = b;
d = m*c;
...
```

尽管从形式上看,b * c 和 m * c 是不同的,但经过 m=b 的赋值,m 和 b 的值是相同的,m * c 和 b * c 也可以认为是公共表达式,m * c 的计算也可以被省略,用 b * c 的值代替。

7.2.4 循环优化

所谓循环优化就是指对循环体的代码进行优化。要对循环进行优化,需要对程序数据流程进行分析确定循环体语句所引用的变量的赋值和变量之间的引用关系。循环优化包括很多技术,如循环展开、用指针代替下标和循环不变式外提等。在这里我们重点介绍循环不变式外提。

所谓循环不变式是指与循环执行次数无关或者不受循环控制变量影响的运算。一个循环不变式的值只需计算一次,如果出现在循环体内,就要重复计算。如果将循环不变式移出循环体外,就可以提高运算效率,这就是所谓循环不变式外提。例如:

```
for( i=0; i<10; i++)
    array[i] += a/b;
```

其中,a/b 就是循环不变式,可以将它外提,修改为:

```
r = a/b;
for( i=0; i<10; i++)
    array[i] += r;
```

注意:在某些场合下进行这种优化时必须特别小心。如下面的循环:

```
for( i=0; i<=2; ++i)
    if(b!=0) array[i] = (a/b);
```

修改为

```
r = a/b;
for( i = 0; i<10; i++ )
        if(b! = 0) array[i] = r;
```

此时可能发生除0的错误,如果b置为0时,由于除法在循环体外,无法对b是否为0加以判断处理。

7.2.5 优化实现的要点

在优化实现过程中,需要注意以下要点:

语法树遍历:在对语法树结点的左右子树判断为常数后,根据父节点的运算类型进行常数合并运算。

基本块扫描:基本块的判断以遇到跳转语句为标志,如果扫描到跳转语句,进行DAG表清空,准备建立新的DAG表。

构造DAG:对语法树遍历时进行DAG表的构造。

公共表达式节省:构造好DAG表的基础上,可以识别出公共表达式,如果两个表达式的操作数和操作符是一致的,并且操作数变量的值没有改变过,则改变后面的公共表达式的指向,从而省略了重复的计算。

7.3 优化的实现

在这一章里我们介绍常数合并和公共表达式节省的优化技术的实现,其他优化技术,读者可以比照实现。

优化实现主函数是travel(),travel()函数的作用是将语法树转换成为中间代码DAG,在转换过程中进行公共子表达式删除和常量表达式求值。公共子表达式的删除通过两个DAG节点的子节点指针指向同一个子表达式的节点来达到,代码体现在node()函数中,查找是否已经存在相同节点,而不是每次都新建一个节点。每种语法树节点基本都有相应的DAG节点。该函数的流程如图7.2所示。

7.3.1 常量合并的实现

常量合并在语法树生成和中间代码生成时进行,常量表达式求值由const_folding()函数完成。

```
static void const_folding(Node n)
{
    ...
    switch (n->op)
    {
        <常数合并操作>
    }
```

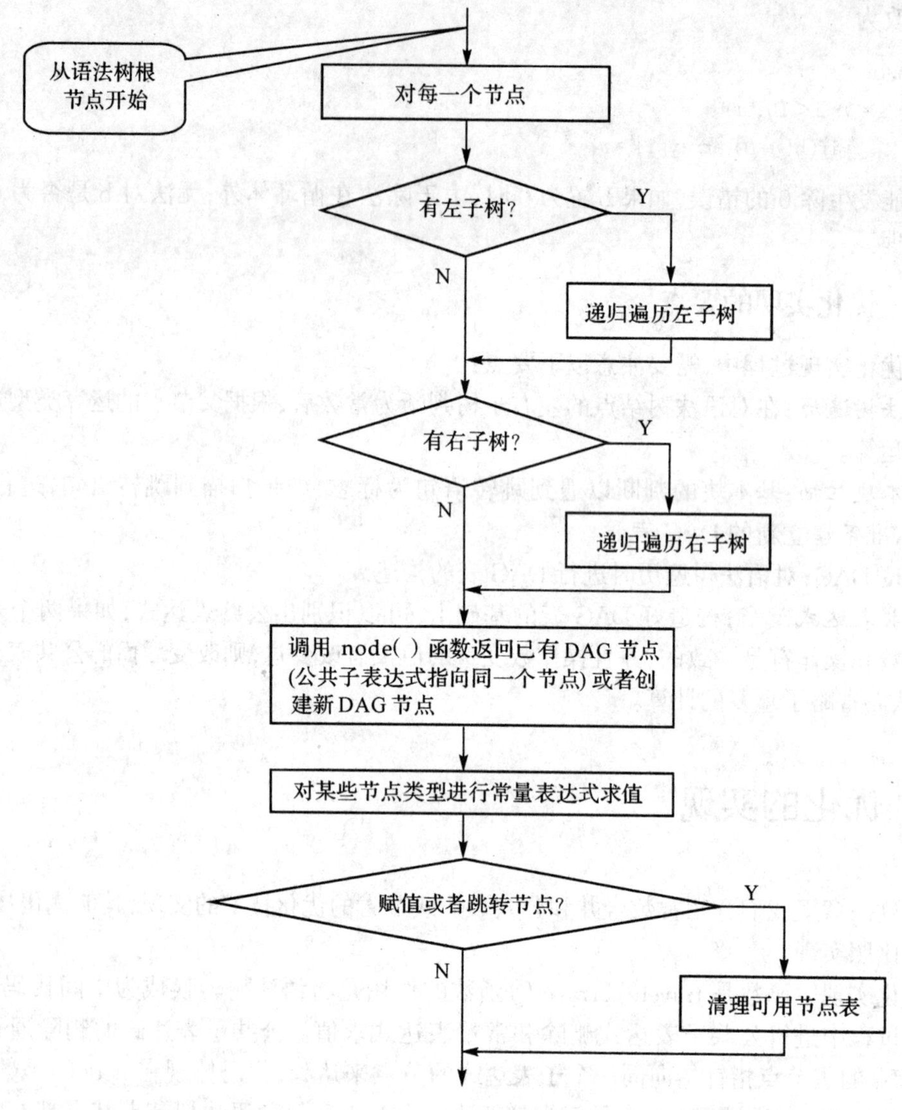

图 7.2 优化主函数流程图

```
    ...
}
```

该函数输入参数为语法树结点 node n。首先它对结点的类型进行判断,如果是以下结点类型:加法(add)、减法(sub)、乘法(mul)、除法(div)、求余(mod)、与(and)、或(or)、非(not)、等于(eq)、不等于(ne)、小于等于(equ)、大于等于(le)、小于(lt)、大于(gt),则判断其左右子结点是否为常数,是则根据结点运算类型进行计算,并删除子结点。

<常数合并操作>部分完成对不同类型的常量操作进行求值,代码如下:(参见文件 Opti.c)。

```
/* do constant folding.
*/
```

```
void const_folding(Node n)
{
    Symbol con;
    char little_buf[NAME_LEN];

    if ((generic(n->kids[0]->op) == CNST)
        && ((n->kids[1] == NULL) || (generic(n->kids[1]->op) == CNST)))
    {
      /* do not folding strings. */
      if ((n->kids[0]->syms[0]->type->type_id == TYPE_STRING) ||
            ((n->kids[1] != NULL) && (n->kids[1]->syms[0]->type->type_id == TYPE_STRING)))
        return;

    snprintf(little_buf, sizeof(little_buf) - 1, "g_con_%d", folding_const++);
        con = new_symbol(little_buf, DEF_CONST, n->kids[0]->syms[0]->type->type_id);
    n->syms[0] = con;

    switch(generic(n->op))
      {
        /*
        binary_xx(op,     realop)           singlar operator
        single_xx(op, realop)               binary operator
          */
#define binary_xx(optype, realop) case optype: \
                              switch(n->kids[0]->syms[0]->type->type_id) { \
                                      case TYPE_INTEGER: \
                                        con->v.i = (n->kids[0]->syms[0]->v.i) realop (n->kids[1]->syms[0]->v.i); \
                                        break; \
                                      case TYPE_BOOLEAN: \
                                          con->v.b = (n->kids[0]->syms[0]->v.b) realop (n->kids[1]->syms[0]->v.b); \
                                        break; \
                                      case TYPE_CHAR: \
                                          con->v.c = (n->kids[0]->syms[0]->v.c) realop (n->kids[1]->syms[0]->v.c); \
                                        break; \
                                      default: \
                                        break; \
                              } \
                              break;

```

```
#define real_binary_xx(optype, realop) case optype: \
                        switch(n->kids[0]->syms[0]->type->type_id) { \
                              case TYPE_INTEGER: \
                                   con->v.i = (n->kids[0]->syms[0]->v.i) realop (n->kids[1]->syms[0]->v.i); \
                                   break; \
                              case TYPE_BOOLEAN: \
                                      con->v.b = (n->kids[0]->syms[0]->v.b) realop (n->kids[1]->syms[0]->v.b); \
                                   break; \
                              case TYPE_REAL: \
                                   con->v.f = (n->kids[0]->syms[0]->v.f) realop (n->kids[1]->syms[0]->v.f); \
                                   break; \
                              case TYPE_CHAR: \
                                      con->v.c = (n->kids[0]->syms[0]->v.c) realop (n->kids[1]->syms[0]->v.c); \
                                   break; \
                              default: \
                                   break; \
                        } \
                        break;

#define single_xx(optype, realop) case optype: \
                        switch(n->kids[0]->syms[0]->type->type_id) { \
                              case TYPE_INTEGER: \
                                  con->v.i = realop (n->kids[0]->syms[0]->v.i); \
                                   break; \
                              case TYPE_BOOLEAN: \
                                  con->v.b = realop (n->kids[0]->syms[0]->v.b); \
                                  break; \
                              case TYPE_CHAR: \
                                  con->v.c = realop (n->kids[0]->syms[0]->v.c); \
                                  break; \
                              default: \
                                  break; \
                        } \
                        break;

#define real_single_xx(optype, realop) case optype: \
                        switch(n->kids[0]->syms[0]->type->type_id) { \
                              case TYPE_INTEGER: \
                                  con->v.i = realop (n->kids[0]->syms[0]->v.i); \
```

```
                                break; \
                            case TYPE_BOOLEAN: \
                                con->v.b = realop (n->kids[0]->syms[0]->v.b); \
                                break; \
                            case TYPE_REAL: \
                                con->v.f = realop (n->kids[0]->syms[0]->v.f); \
                                break; \
                            case TYPE_CHAR: \
                                con->v.c = realop (n->kids[0]->syms[0]->v.c); \
                                break; \
                            default: \
                                break; \
                        } \
                        break;

        binary_xx(AND, &&);
        binary_xx(OR, ||);
        single_xx(NOT, !);
        single_xx(BCOM, !);
        real_single_xx(NEG, -);
        real_binary_xx(EQ, ==);
        real_binary_xx(NE, !=);
        real_binary_xx(GT, >);
        real_binary_xx(GE, >=);
        real_binary_xx(LT, <);
        real_binary_xx(LE, <=);
        binary_xx(BAND, &);
        binary_xx(BOR, |);
        real_binary_xx(ADD, +);
        real_binary_xx(SUB, -);
        real_binary_xx(DIV, /);
        real_binary_xx(MUL, *);
        binary_xx(MOD, %);
        binary_xx(RSH, >>);
        binary_xx(LSH, <<);
        single_xx(CVF, (float));
        single_xx(CVI, (int));
#undef single_xx
#undef real_single_xx
#undef binary_xx
#undef real_binary_xx
            /*
                        case AND:
```

```
                        case OR:
                        case NOT:
                        case BCOM:
                        case NEG:
                        case EQ:
                        case NE:
                        case GT:
                        case GE:
                        case LE:
                        case LT:
                        case BOR:
                        case BAND:
                        case BXOR:
                        case ADD:
                        case SUB:
                        case RSH:
                        case LSH:
                        case DIV:
                        case MUL:
                        case MOD:
                        case CVF:
                        case CVI:
                        case CVP:
                        case CVU:
        */
      default:
        assert(0);
        break;

      }
      /* prune left and right kids. */
      n->kids[0] = n->kids[1] = NULL;
      n->op = CNST;
#if DEBUG & CONST_FOLDING_DEBUG

      printf("Const folded to %p(%d).\n", n, n->syms[0]->v.i);
#endif

    }
}
```

7.3.2 公共表达式节省的实现

1. 数据结构及其操作

局部优化将在 DAG 图上进行，DAG 结构及其哈希表定义如下，参见文件 dag.c。

```
static struct dag
{
    struct node node;
    struct dag *hlink;
}
*buckets[16];
```

对于该表有以下一些操作：改变结点指向、增加新的 DAG 结点，删除某结点，清空 DAG 哈希表。前两个操作在函数 node()里实现，我们将在后面详细说明。删除结点由函数 kill_nodes()实现，而清空 DAG 表则由函数 reset()完成。

函数 print_dag()：显示 dag 结点的相关信息。

函数 gen_dag()：从语法树直接生成 DAG 结点。

```
int gen_dag(List ast_forest, List dag_forest)
{
    int n, i, dag_count;
    Tree *forest;

    if (dump_ast)
      print_forest(ast_forest);

    n = list_length(ast_forest);
    forest = (Tree *)list_ltov(ast_forest, STMT);

    /* reset available nodes table. */
    reset();

    for (i = 0, dag_count = 0; i < n ; i++)
    {
      Tree ast = forest[i];

      Node dag = travel(ast);
      if (dag)
      {
        list_append(dag_forest, dag);
        dag_count++;
      }
    }
```

```

  /* clean temporary memory. */
  deallocate(STMT);
  return dag_count;
}
```

删除 DAG 结点和清空 DAG 表分别由函数 kill_nodes()和 reset()实现,代码如下:

```
static void kill_nodes(Symbol p)
{
 int i;
 struct dag **q;

 for (i = 0; i < NELEMS(buckets); i++)
 {
   for (q = &buckets[i]; *q; )
   {
       /*
       if (generic((*q)->node.op) == LOAD &&
         (! isaddrop((*q)->node.kids[0]->op)
          || (*q)->node.kids[0]->syms[0] == p))
        */
       if (generic((*q)->node.op) == LOAD &&
           ((*q)->node.syms[0] == p))
       {
#if DEBUG & COMMON_EXPR_DEBUG
         printf("node %s killed. \n", p->name);
#endif

         *q = (*q)->hlink;
         --nodecount;
       }
       else
       {
         q = &(*q)->hlink;
       }
   }
 }
}

static void reset(void)
{
 if (nodecount > 0)
   memset(buckets, 0, sizeof buckets);
```

```
nodecount = 0;
}
```

2. 基本块的划分

一个基本块是单入口、单出口的程序代码块。实现上，程序开始为基本块的开始，碰到跳转结点即认为基本块结束，重新开始下一个基本块。

基本块的结束和开始以扫描到跳转语句为准，可以在 travel( )函数的 switch 语句里的 case JUMP 分支看到(下面的 00199 行)：

```
00137 Node travel(Tree tp)
00138 {
00139     Node p = NULL, l, r;
00140     int op;
          ...
00152     op = tp->op;
00153     switch (generic(tp->op))
          ...
00199     case JUMP:
00200         p = new_node(op, NULL, NULL, tp->u.generic.sym);
00201         reset();
00202         break;
          ...
00333     default:
00334         assert(0);
00335     }
          ...
00347 }
```

3. 公共表达式节省的实现

公共表达式节省通过将公共表达式指向同一个 DAG 节点完成。从基本块的入口开始，我们开始寻找公共表达式并通过将它们指向同一结点来实现该优化。离开这个基本块后，将 DAG 表清空，准备下一基本块的优化。

公共表达式的节省在 travel 函数里进行。

为了节省公共表达式，就必须确认公共表达式结点是否已经存在。首先通过结点的运算类型、左子树和右子树的类型等信息调用 available_node_hash()函数查找到 DAG 表的索引值，再在该表项中查找是否已经存在该结点，即逐个比较运算类型、子树是否相同。如果已经存在，则将域指针指向存在的表达式节点即可，否则创建新的节点。

这些功能在函数 node( )里实现：

```
static Node node(int op, Node l, Node r, Symbol sym)
{
    int i;
    struct dag *p;
```

```
    i = available_node_hash(op, l, r, sym);
    /* (opindex(op)^((unsigned long)sym>>2))&(NELEMS(buckets)-1); */
    for (p = buckets[i]; p; p = p->hlink)
        if (p->node.op == op && p->node.syms[0] == sym
            && p->node.kids[0] == l && p->node.kids[1] == r)
        {
            p->node.count ++;
            /* match. */
#if DEBUG & CONST_FOLDING_DEBUG

            printf("common expr found %s (%s).\n",
                get_op_name(generic(p->node.op)),
                p->node.syms[0]->name);
#endif

            return &p->node;
        }
    p = dag_node(op, l, r, sym);
    p->hlink = buckets[i];
    buckets[i] = p;
    ++nodecount;
    return &p->node;
}
```

分析每一个基本块时,系统维护一个可用节点表。可用节点表是一张 DAG 的 hash 表,即数据结构及其操作中介绍的 buckets[ ]。在需要创建新的节点时,先在可用节点表中查找符合条件的节点是否已经存在,如果存在则返回此节点,否则生成新的节点并加入到可用节点表。

例 7-1 对于语句 inta := (intb + intc) + 3 * (intb + intc),生成的树如图 7.3 所示。

考虑表达式(intb + intc) + 3 * (intb + intc),在调用 travel()函数时可用节点表内容和操作见表 7.1 所示。

表 7.1 例 7-1 可用结点及其操作

处理结点			生成	返回结点
LOAD	intb		1=(LOAD intb)	1
LOAD	intc		2=(LOAD intc)	2
ADD	1	2	3=(ADD 1 2)	3
LOAD	intb			1
LOAD	intc			2
ADD	1	2		3
CNST	3		4=(CNST)	4
MUL	3	4	5=(MUL 3 4)	5
ADD	3	5	6=(ADD 3 5)	6

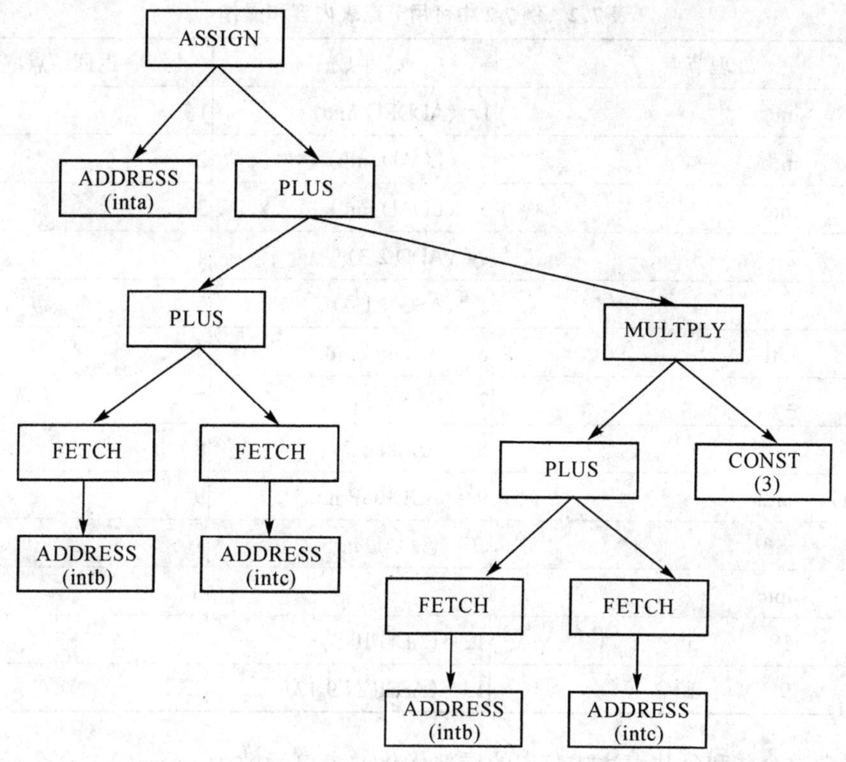

图 7.3　表达式 inta := (intb + intc) + 3 * (intb + intc)的生成树

由表 7.1 可见,公共(intb + intc)只计算了一次,第二次的计算节点指向了同一个表达式(表格中灰色部分)。

当某个变量的值被改变时,如赋值语句改变了一个变量的值,那么需要在可用节点表中删除受影响的节点。

有两种情况需要对 DAG 结点表进行删除处理:

(1)有赋值语句改变了变量的值。需要删除受改变影响的可用结点。

(2)清空所有的可用节点表。在跳出基本块时需要清空所有的可用结点表。

第(1)种情况由函数 kill_nodes()完成,第(2)种情况则由函数 reset()完成。

例 7-2　如以下的源程序段中,由于 intb 的值被改变了,计算 intd 需要的 intb + intc 表达式和 inta 需要的 intb+intc 表达式就不是公共变量表达式。

```
...
inta := intb + intc;
intb := 2;
intd := intb + intc;
...
```

例 7-2 中可用节点表内容和操作见表 7.2 所示。

表 7.2　例 7-2 中可用节点表内容和操作

处理节点			生成	返回结点
ADDRG	inta		1 = (ADDRG inta)	1
LOAD	intb		2 = (LOAD intb)	2
LOAD	intc		3 = (LOAD intc)	3
ADD	2	3	4 = (ADD 2 3)	4
ASGN	1	4	5 = (ASGN 1 4)	5
ADDRG	intb		6 = (ADDRG intb)	6
CNST	2		7 = (CNST 2)	7
ASGN	6	7	8 = (ASGN 6 7)	8
ADDRG	intd		9 = (ADDRGP intd)	9
LOAD	intb		10 = (LOAD intb)	10
LOAD	intc			3
ADD	10	3	12 = (ADD 10 3)	12
ASGN	9	12	13 = (ASSIGN 9 12)	13

包括常数合并和公共表达式节省的局部优化的入口函数为 travel()。这个函数代码列出如下：

```
Node travel(Tree tp)
{
    Node p = NULL, l, r;
    int op;

    if (tp == NULL)
        return NULL;

    l = r = NULL;

    if (tp→dag_node)
        return tp→dag_node;

    travel_level++;

    op = tp→op;
    switch (generic(tp→op))
    {
    case AND:
        if (depth++ == 0)
            reset();
```

```
        l = travel(tp->kids[0]);
        r = travel(tp->kids[1]);
        depth--;
        p = node(op, l, r, NULL);
        const_folding(p);
        break;
    case ARRAY:
        l = travel(tp->kids[0]);
        p = node(op, l, NULL, tp->u.generic.sym);
        break;
    case OR:
        if (depth++ == 0)
            reset();
        l = travel(tp->kids[0]);
        r = travel(tp->kids[1]);
        depth--;
        p = node(op, l, r, NULL);
        const_folding(p);
        break;
    case NOT:
        depth++;
        l = travel(tp->kids[0]);
        depth--;
        p = node(op, l, NULL, NULL);
        const_folding(p);
        break;
    case COND:
        l = travel(tp->kids[0]);
        reset();
        p = new_node(op, l, NULL, tp->u.cond_jump.label);
        p->u.cond.label = tp->u.cond_jump.label;
        p->u.cond.true_or_false = tp->u.cond_jump.true_or_false;
        break;
    case CNST:
        p = new_node(op, NULL, NULL, tp->u.generic.sym);
        break;
    case RIGHT:
        l = travel(tp->kids[0]);
        r = travel(tp->kids[1]);
        p = node(op, l, r, NULL);
        break;
    case JUMP:
        p = new_node(op, NULL, NULL, tp->u.generic.sym);
```

```
            reset();
            break;
        case CALL:
            l = travel(tp->kids[0]);
            p = new_node(op, l, NULL, NULL);
            p->symtab = tp->u.call.symtab;
            break;
        case SYS:
            l = travel(tp->kids[0]);
            p = new_node(op, l, NULL, NULL);
            p->u.sys_id = tp->u.sys.sys_id;
            if (p->u.sys_id == pREAD ||
                    p->u.sys_id == pREADLN)
            {
                /* kill nodes. */
                if (tp->kids[0]->kids[0] == NULL)
                    kill_nodes(tp->kids[0]->u.generic.sym);
                else
                    reset();
            }
            break;
        case ARG:
            l = travel(tp->kids[0]);
            r = travel(tp->kids[1]);
            p = new_node(op, l, r, tp->u.arg.sym);
            p->symtab = tp->u.arg.symtab;
            break;
        case EQ:
        case NE:
        case GT:
        case GE:
        case LE:
        case LT:
            l = travel(tp->kids[0]);
            r = travel(tp->kids[1]);
            p = node(op, l, r, NULL);
            const_folding(p);
            break;
        case ASGN:
            l = travel(tp->kids[0]);
            r = travel(tp->kids[1]);
            p = node(op, l, r, NULL);
            /* kill nodes. */
```

```
        if (tp→kids[0]→kids[0] == NULL)
            kill_nodes(tp→kids[0]→u.generic.sym);
        else
            reset();
        break;
    case BOR:
    case BAND:
    case BXOR:
    case ADD:
    case SUB:
    case RSH:
    case LSH:
        l = travel(tp→kids[0]);
        r = travel(tp→kids[1]);
        p = node(op, l, r, NULL);
        const_folding(p);
        break;
    case DIV:
    case MUL:
    case MOD:
        l = travel(tp→kids[0]);
        r = travel(tp→kids[1]);
        p = node(op, l, r, NULL);
        const_folding(p);
        break;
    case RET:
        /* not used in SPL. */
        break;
    case CVF:
    case CVI:
    case CVP:
        l = travel(tp→kids[0]);
        p = node(op, l, NULL, NULL);
        break;
    case BCOM:
    case NEG:
        l = travel(tp→kids[0]);
        p = node(op, l, NULL, NULL);
        /* const_folding(p); */
        break;
    case LOAD:
    case INDIR:

```

```
        if (tp->kids[0])
            l = travel(tp->kids[0]);

        if (tp->kids[0] && (generic(tp->kids[0]->op) == FIELD))
        {
            p = node(op, l, NULL, tp->kids[0]->u.field.field);
        }
        else if (tp->kids[0] && (generic(tp->kids[0]->op) == ARRAY))
        {
            p = node(op, l, NULL, tp->kids[0]->u.generic.sym);
        }
        else
        {
            p = node(op, l, NULL, tp->u.generic.sym);
        }
        break;
    case FIELD:
        p = node(op, NULL, NULL, tp->u.field.record);
        if (p->syms[1] != tp->u.field.field)
            p = new_node(op, NULL, NULL, tp->u.field.record);
        p->syms[1] = tp->u.field.field;
        break;
    case ADDRG:
        l = travel(tp->kids[0]);
        p = node(op, l, NULL, tp->u.generic.sym);
        break;
    case HEADER:
        p = new_node(tp->op, NULL, NULL, NULL);
        p->symtab = tp->u.header.symtab;
        break;
    case TAIL:
        p = new_node(tp->op, NULL, NULL, NULL);
        p->symtab = tp->u.generic.symtab;
        break;
    case BLOCKBEG:
    case BLOCKEND:
        p = new_node(tp->op, NULL, NULL, NULL);
        break;
    case LABEL:
        p = new_node(tp->op, NULL, NULL, tp->u.label.label);
        break;
    case INCR:
    case DECR:
```

```
            l = travel(tp->kids[0]);
            p = new_node(tp->op, l, NULL, NULL);
            break;
        default:
            assert(0);
        }


        travel_level--;
#if DEBUG & DAG_DEBUG

        p->op_name = get_op_name(p->op);
#endif

        p->type = tp->result_type;
        tp->dag_node = p;
        return p;
}
```

其他优化代码请参看程序 dag.c。

第 8 章

SPL 编译器完整实现

前面论述了编译器的各个阶段,它们执行不同的逻辑操作。每个阶段将源程序从一种表示转换成另一种表示。源代码经过从词法分析、语法分析、语义分析、中间代码生成、中间代码优化和目标代码生成阶段,生成为目标代码。

在本章中,将描述 SPL 编译器具体实现相关的问题,包括 SPL 编译器的概述、各部分的接口以及如何对编译器做扩充。

8.1 编译程序概述

SPL 编译器的设计目标是一个面向教学的支持多语言和多目标机扩展的编译器原型系统。它由目标机无关的前端机器和相关的后端两大部分组成,以中间代码为接口。通过替换前端,可以加入其他语言的支持,而扩展后端可以将目标代码移植到其他的硬件平台和操作系统。当前的版本支持 PASCAL 语法子集,编译生成的代码为 X86 汇编代码,通过编译汇编代码生成可执行的机器码。编译过程遵循编译原理教科书的编译步骤,每个步骤对上一步骤的结果进行处理后并生成新的结果传递给下一步骤。

下面以一个 PASCAL 程序为例,简单说明每个步骤的处理和生成的中间结果。

```
program helloworld;
var inta, intb, intc: integer;
begin
    intb := 10 + 20;
    intc := 20;
    inta := (intb + intc) + 3 * (intb + intc);
    writeln('inta = ',inta);
end.
```

编译器的第一个阶段是词法分析器。词法分析将源码识别为记号(token)流。上述的例子生成的记号如下:

```
token: kPROGRAM
token: yNAME, yylval.p_char = helloworld
token: oSEMI.
token: kVAR .
token: yNAME, yylval.p_char = inta.
```

```
token: oCOMMA.
token: yNAME, yylval.p_char = intb.
token: oCOMMA.
token: yNAME, yylval.p_char = intc.
token: oCOLON.
token: SYS_TYPE ,yylval.p_char = integer.
token: oSEMI.
token: kBEGIN .
token: yNAME, yylval.p_char = intb.
token: oASSIGN.
token: cINTEGER, yylval.num = 10.
token: oPLUS.
token: cINTEGER, yylval.num = 20.
token: oSEMI.
token: yNAME, yylval.p_char = intc.
token: oASSIGN.
token: cINTEGER, yylval.num = 20.
token: oSEMI.
token: yNAME, yylval.p_char = inta.
token: oASSIGN.
token: oLP.
token: yNAME, yylval.p_char = intb.
token: oPLUS.
token: yNAME, yylval.p_char = intc.
token: oRP.
token: oPLUS.
token: cINTEGER, yylval.num = 3.
token: oMUL.
token: oLP.
token: yNAME, yylval.p_char = intb.
token: oPLUS.
token: yNAME, yylval.p_char = intc.
token: oRP.
token: oSEMI.
token: SYS_PROC ,yylval.p_lex = &Keytable[51].
token: oLP.
token: cSTRING, yylval.p_char = 'inta = '.
token: oCOMMA.
token: yNAME, yylval.p_char = inta.
token: oRP.
```

词法分析的返回除了整型的记号的定义值外，还有在 yylval 中设置的一些相关值。不同的记号相关值也不一样。如分号只返回 oSEMI 且没有 yylval 的相关值；而 inta 的记号值为 yNAME,相关值为 yylval. p_char='inta'字符串。对于有预处理指令的语言如 C 语言,预处理可以在词法分析过程中完成。SPL 语言没有预处理部分,采用的是 LEX 工具生成的词法分析器,源码文件 spl.l。

词法分析后的下一阶段为语法分析。语法分析阶段根据 SPL 语言的语法规则分析词法分析步骤生成的记号流。语法分析的结果为抽象语法树组成的森林。语法分析后所举例子程序的语法森林如图 8.1 所示。SPL 编译器采用 YACC 规则的语法分析器,源码文件 spl.y。

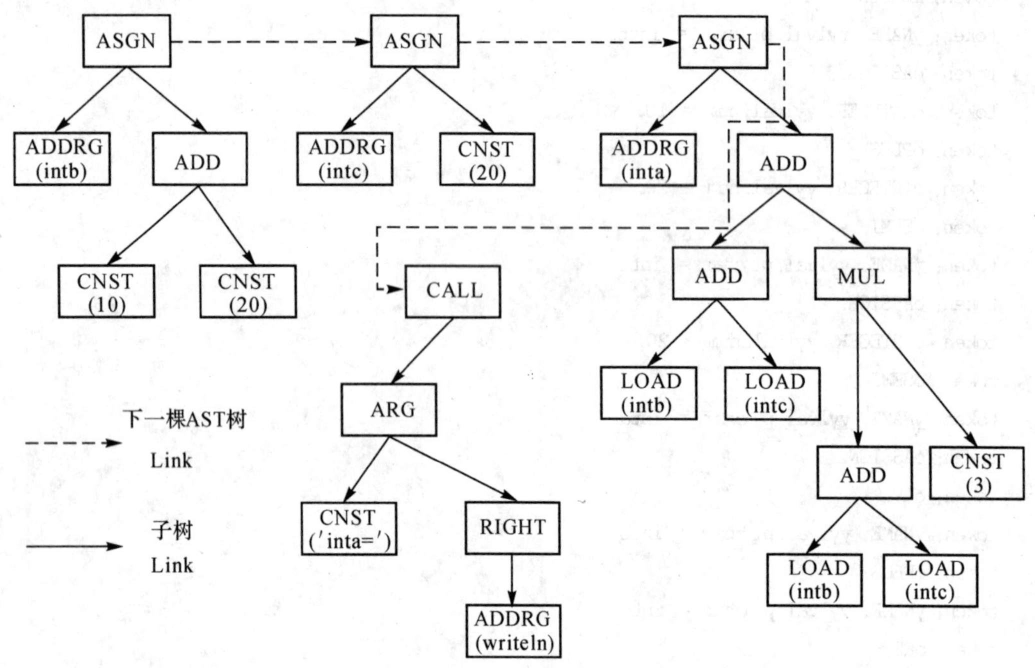

图 8.1 例子程序生成的 AST(Abstract Syntax Tree)森林

语义分析阶段在生成抽象语法树的过程中和在已生成的抽象语法树的基础上进行,最主要的操作是维护符号表以及变量声明检查和类型检查等。SPL 编译器的语义分析处理在 YACC 规则(spl.y)中触发,调用符号表处理(symtab.c)和类型处理(type.c)。

中间代码生成阶段的输入为抽象语法树,输出是 DAG(Directed Acyclic Graph)组成的森林。DAG 是由抽象语法树转换而来。例子程序生成的 DAG 图如图 8.2 所示。DAG 的节点和 AST 节点基本上是一一对应的关系。SPL 编译器采用 DAG 作为中间代码来作为前端和后端的桥梁。中间代码生成的源码位于 dag.c 文件。

SPL 编译器对生成中间代码的过程进行代码优化。具体是在由语法树转换为中间代码的过程中进行常量表达式求值和公共子表达式删除。需注意的是,图 8.2 中的标记为 A 的圆角矩形区域就是常量表达式求值优化后的结果,标记为 B 的圆角矩形为公共子表达式删除优化后的结果。中间代码优化源码存在于 dag.c 中。

在代码优化阶段后,控制将从与目标机器无关的前端转换到目标机器相关的后端。后端完成中间代码到汇编代码的生成。每一个后端对应一种特定硬件架构和特定操作系统,如生成 X86 Linux 的汇编代码、X86 DOS 的汇编代码、SPARC 芯片 Solaris 的汇编代码等。

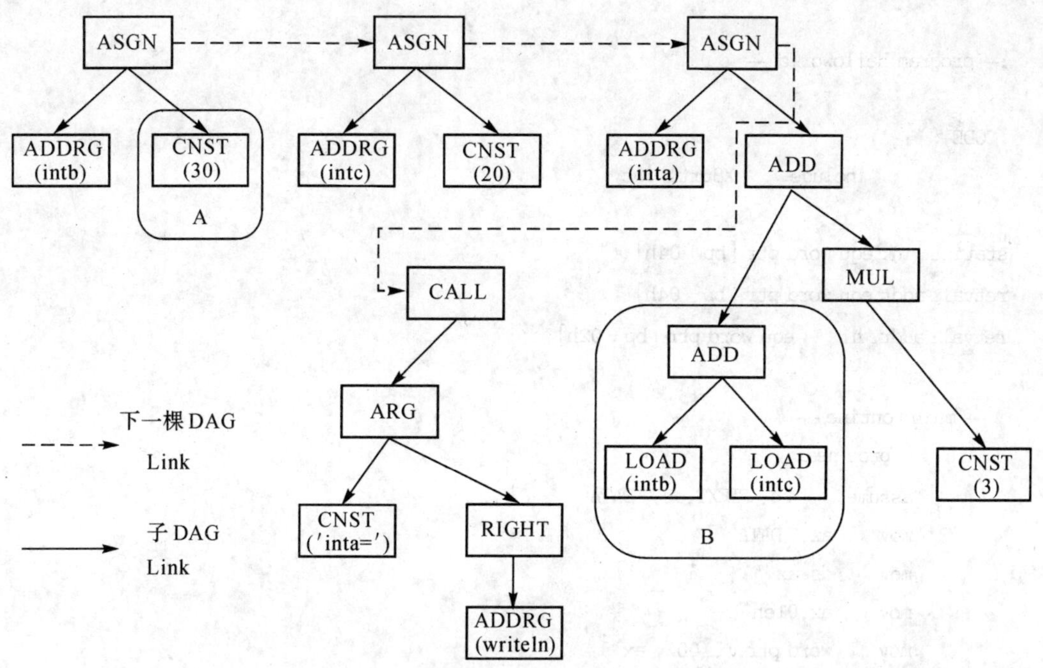

图 8.2 例子程序生成的 DAG 森林

代码生成在 SPL 中通过预先定义的接口和 DAG 节点到汇编模板的映射来完成,读者可以对此进行扩充,如加入最优化汇编代码生成、寄存器分配优化等。当前 SPL 有两个后端,分别为 X86 Linux 和 X86 DOS。本例子程序的 X86 汇编指令如下。

DOS 16 位(采用 16 位的 DOS 的原因是因为 DOS 的输入输出运行汇编代码相对简单):

```
;0207/05/08
;06:18:18
;
;SPL Compiler Ver 0.1.5
;
;small model
.MODEL SMALL

;set stack size
.STACK 800h

.DATA
cz_001          db    'inta ='
                db    '$'
vi_003          dw    ?
vi_002          dw    ?
vi_001          dw    ?
```

```
;—program helloworld —

.CODE
        include     X86rtl.inc

static_link equ word ptr [bp+04h]
retval_addr equ word ptr [bp-04h]
retval_addr_hi      equ word ptr [bp-02h]

; — main routine —
_main       proc near
        assume      cs:_TEXT,ds:_DATA
        mov     ax,_DATA
        mov     ds,ax
        mov     ax,01eh
        mov     word ptr vi_002, ax
        mov     ax,014h
        mov     word ptr vi_003, ax
        mov     ax,word ptr vi_002
        push    ax
        mov     ax,word ptr vi_003
        pop     dx
        add     ax,dx
        push    ax
        mov     ax,03h
        push    ax
        mov     ax,word ptr vi_002
        push    ax
        mov     ax,word ptr vi_003
        pop     dx
        add     ax,dx
        pop     dx
        imul    dx
        pop     dx
        add     ax,dx
        mov     word ptr vi_001, ax
        lea     ax,cz_001
        push    ax
        push    bp
        call write_string
        mov     ax,word ptr vi_001
```

```
        push  ax
        push  bp
        call writeln_int
        ret
_main     endp
        .STARTUP
        call _main
        .EXIT
        end
;global variables
```

至此,SPL 完成编译。最后的步骤是调用汇编编译和链接程序。注意:Linux 的汇编代码生成可以采用 - t X86linux 编译选项生成。对于 DOS 的汇编输出,最终的可执行文件是通过调用 Masm 汇编器生成。生成上述例子程序的可执行文件命令行为:

```
masm hello.asm
copy X86rtldos.asm X86dos.asm
masm X86dos.asm,X86dos.obj
link hello.obj X86dos.obj hello.exe
```

最终运行生成的 hello.exe 的结果为:

```
C:\tmp>hello
inta = 200
```

8.2　编译器各部分接口

以下详细介绍 SPL 编译器各个部分的接口,包括词法分析、符号表、语法分析、语义分析、中间代码生成、中间代码优化和目标代码生成的接口。

8.2.1　词法分析

SPL 的词法分析器采用 LEX 工具生成,根据源代码的内容识别成为记号。YACC 产生的语法分析器会定义两个外部变量 extern FILE ＊yyin, ＊yyout,分别对应输入和输出。SPL 定义的记号见表 8.1。

表 8.1　SPL 定义的记号表

记号	对应内容	yylval 的附加值
cINTEGER	以不为 0 开头表示的整型十进制数字	yylval.num 为数值
cINTEGER	以 0 开头表示的整型 8 进制数字	yylval.num 为数值
cINTEGER	以 0x 或者 0X 开头的整型 16 进制数字	yylval.num 为数值
cCHAR	' '括起来的单个字符	yylval.p_char 为字符内容(包括' '符号)

续表

记号	对应内容	yylval 的附加值
cSTRING	' '括起来的字符串	yylval.p_char 为字符串内容(包括' '符号)
cREAL	实数数值	预留待扩展,在语法分析部分已经具备
oLP	"("	无
oRP	")"	无
oLB	"["	无
oRB	"]"	无
oPLUS	"+"	无
oMINUS	"-"	无
oMUL	"*"	无
oDIV	"/"	无
oASSIGN	":="	无
oEQUAL	"="	无
oLT	"<"	无
oGT	">"	无
oLE	"<="	无
oGE	">="	无
oUNQUE	"<>"	无
oCOMM	","	无
oSEMI	";"	无
oCOLON	":"	无
oQUOTE	"'"	无
oDOTDOT	".."	无
oDOT	"."	无
oARROW	"^"	无
kAND	and 关键字	无
kARRAY	array 关键字	无
kBEGIN	begin 关键字	无
kCASE	case 关键字	无
kCONST	const 关键字	无
kDIV	div 关键字	无
kDO	do 关键字	无

续表

记号	对应内容	yylval 的附加值
kDOWNTO	downto 关键字	无
kELSE	else 关键字	无
kEND	end 关键字	无
kFOR	for 关键字	无
kFUNCTION	function 关键字	无
kGOTO	goto 关键字	无
kIF	if 关键字	无
kIN	in 关键字	无
kLABEL	label 关键字	无
kMOD	mod 关键字	无
kNOT	not 关键字	无
kOF	of 关键字	无
kOR	or 关键字	无
kPACKED	packed 关键字	无
kPROCEDURE	procedure 关键字	无
kPROGRAM	program 关键字	无
kRECORD	record 关键字	无
kREPEAT	repeat 关键字	无
kSET	set 关键字	无
kTHEN	then 关键字	无
kTO	to 关键字	无
kTYPE	type 关键字	无
kUNTIL	until 关键字	无
kVAR	var 关键字	无
kWHILE	while 关键字	无
kWITH	with 关键字	无
cFALSE	“false”布尔型常量	yylval. num = cFALSE
cTRUE	“true”布尔型常量	yylval. num = cTRUE
cMAXINT	“maxint”最大整数常量	yylval. num = cMAXINT
tREAL	“real”	yylval. p_char 内容为字符串“real”
tBOOLEAN	“Boolean”	yylval. p_char 内容为字符串“boolean”

续表

记号	对应内容	yylval 的附加值
tCHAR	"char"	yylval.p_char 内容为字符串"char"
tINTEGER	"integer"	yylval.p_char 内容为字符串"integer"
fABS	"abs"系统函数	yylval.p_Lex 内容为 abs 对应 KEYENTRY 指针
fCHR	"chr"系统函数	yylval.p_Lex 内容为 chr 对应 KEYENTRY 指针
fODD	"odd"系统函数	yylval.p_Lex 内容为 odd 对应 KEYENTRY 指针
fORD	"ord"系统函数	yylval.p_Lex 内容为 ord 对应 KEYENTRY 指针
fPRED	"pred"系统函数	yylval.p_Lex 内容为 pred 对应 KEYENTRY 指针
fSQR	"sqr"系统函数	yylval.p_Lex 内容为 sqr 对应 KEYENTRY 指针
fSQRT	"sqrt"系统函数	yylval.p_Lex 内容为 sqrt 对应 KEYENTRY 指针
fSUCC	"succ"系统函数	yylval.p_Lex 内容为 succ 对应 KEYENTRY 指针
pREAD	"read"系统函数	无
pREADLN	"readln"系统函数	无
pWRITE	"write"系统函数	yylval.p_Lex 内容为 write 对应 KEYENTRY 指针
pWRITELN	"writeln"系统函数	yylval.p_Lex 内容为 writeln 对应 KEYENTRY 指针

概括地说，表 8.1 定义了整型、布尔型、字符型、实型等四种数据类型，其中整型可以定义为十进制、八进制和十六进制形式，实型类型为预留接口待扩展练习；还定义了 22 个特殊字符和操作符；定义了 True, False, Maxint 三个系统常量，分别代表真、假和最大整数数值；并将变量名、关键字、系统函数、I/O 函数在同一个 LEX 项处理，在处理函数 id_or_keyword 中判断类型并返回相应的值。共 33 个关键字，12 个系统函数(对 read 和 readln 做了特殊处理)。

词法分析与语法分析的接口函数为：int yylex(void)，返回值为记号表中所列的记号流，在全局变量 yylval 中设置了相应的值。

yylval 的定义在 rule.h 中，由 YACC 程序在处理 spl.y 时自动生成。

```
#if ! defined YYSTYPE && ! defined YYSTYPE_IS_DECLARED
typedef union YYSTYPE
#line 102 "spl.y"
{
        char            p_char[NAME_LEN];
        int             num;
        int             ascii;
        Symbol          p_symbol;
        Type            p_type;
        KEYENTRY        *p_lex;
        Tree            p_tree;
}
```

```
/* Line 1489 of yacc.c. */
#line 241 "rule.h"
        YYSTYPE;
# define yystype YYSTYPE /* obsolescent; will be withdrawn */
# define YYSTYPE_IS_DECLARED 1
# define YYSTYPE_IS_TRIVIAL 1
#endif

extern YYSTYPE yylval;

```

关键字表项数据定义为 KEYENTRY，在 common.h 中定义。

在 spl.l 的 263～317 行，定义了全局的 Keytable。

如果要替代由 spl.l 生成的词法分析器，则需要符合以下接口：

· 定义和实现 int yylex()函数，并返回和 spl.l 词法分析器一致的返回值 yylval 值。

· 包含同样的 Keytable。

· 在全局变量 int line_no; int line_pos, char *line_buf 里面记录相应的当前文件的分析位置信息。

8.2.2　语法分析

SPL 的语法分析采用 YACC 生成。YACC 生成的语法分析程序通过调用 yylex 函数得到记号和相应的 yylval 值，然后通过定义的语法规则完成对源码的分析。结果为抽象语法树。

1. 树结构定义(tree.h，41～58 行)

```
struct tree;
typedef struct tree {
    int op;                          /* 操作类型 */
    Type result_type;                /* 结果类型 */
    struct tree *kids[2];            /* 子树 */
    Node dag_node;                   /* 生成的 dag */
    union {                          /* 不同类型节点需要的数据域 */
        /* for general nodes. */
        struct {
            Value val;
            Symbol sym;
            Symtab symtab;
        } generic;

        /* for arg nodes. */
        struct {
            Symbol sym;
            Symtab symtab;
        }arg;
```

```
        /* for field operation node. */
        struct {
            Symbol record;
            Symbol field;
        }field;

        /* for function/routine call */
        struct {
            Symtab symtab;                    /* routine/function symtab */
        }call;

        /* for function/routine header. */
        struct {
            List para;                        /* parameter list. */
            Symtab symtab;                    /* symtab of the function/routine */
        }header;

        /* for system function/routine. */
        struct {
            int sys_id;                       /* call id. */
        }sys;

        /* for conditional jump. */
        struct {
            Symbol label;
            int true_or_false;
        }cond_jump;

        /* for label. */
        struct {
            Symbol label;
        }label;

    } u;
}tree;

typedef tree * Tree;
```

其中,op 域定义了运算,运算的定义在 ops.h 的 18~73 行定义:

```
enum {
    CNST = 1 << 4,                            /* 立即数和常数 */
    ARG = 2 << 4,                             /* 参数 */
```

```
ASSIGN = 3 << 4,                        /* 赋值 */
INDIR = 4 << 4,                         /* 取地址的值 */
CVF = 7<< 4,                            /* 转换成浮点 */
CVI = 8 << 4,                           /* 转换成整型 */
CVP = 9 << 4,                           /* 转换成指针 */
CVB = 11 << 4,                          /* 转换成 Boolean */
NEG = 12 << 4,                          /* 取负数 */
CALL = 13 << 4,                         /* 函数调用 */
RET = 15 << 4,                          /* 从函数返回 */
ADDRG = 16 << 4,                        /* 取地址 */
ADDRF = 17 << 4,                        /* 取浮点数地址 */
ADDRL = 18 << 4,                        /* 取 long 型地址 */
ADD = 19 << 4,                          /* 加法操作 */
SUB = 20 << 4,                          /* 减法操作 */
LSH = 21 << 4,                          /* 左移 */
MOD = 22 << 4,                          /* 取余数操作 */
RSH = 23 << 4,                          /* 右移 */
BAND = 24 << 4,                         /* 位与 */
BCOM = 25 << 4,                         /* 位补 */
BOR = 26 << 4,                          /* 位或 */
BXOR = 27 << 4,                         /* 位异或 */
DIV = 28 << 4,                          /* 除法操作 */
MUL = 29 << 4,                          /* 乘法操作 */
EQ = 30 << 4,                           /* 判断相等 */
GE = 31 << 4,                           /* 大于等于 */
GT = 32 << 4,                           /* 大于 */
LE = 33 << 4,                           /* 小于等于 */
LT = 34 << 4,                           /* 小于 */
NE = 35 << 4,                           /* 不等于 */
JUMP = 36 << 4,                         /* 跳至 */
LABEL = 37 << 4,                        /* 标签 */
LOAD = 14 << 4,                         /* 装入 */
AND = 38 << 4,                          /* 与 */
NOT = 39 << 4,                          /* 非 */
OR = 40 << 4,                           /* 或 */
COND = 41 << 4,                         /* 条件 */
RIGHT = 42 << 4,                        /* 兄弟链接,节点超过 2 个子节点时使用 */
FIELD = 43 << 4,                        /* 记录中的域 */
INCR = 44 << 4,                         /* 递增操作 */
DECR = 45 << 4,                         /* 递减操作 */
ARRAY = 46 << 4,                        /* 数组操作 */
/* 只在树表示中出现的操作 */
FUNCTION = 48 << 4,                     /* 函数树 */
```

```
    ROUTINE = 49 << 4,                    /* 过程树 */
    HEADER = 50 << 4,                     /* 头部树 */
    TAIL = 51 << 4,                       /* 函数尾 */
    BLOCKBEG = 52 << 4,                   /* 块开始 */
    BLOCKEND = 53 << 4,                   /* 块结束 */
    /* at last. */
    LASTOP                                /* 占位操作,表示操作符结束 */
};
```

2. 生成树的操作函数

普通树:

```
Tree new_tree(int op, Type resulttype, Tree left, Tree right);
```

头部节点:

```
Tree header_tree(Symtab ptab);
```

类型转换树:

```
Tree conversion_tree(Symbol source, Type target);
```

取变量值树:

```
Tree id_factor_tree(Tree source, Symbol sym);
```

取地址树:

```
Tree address_tree(Tree source, Symbol sym);
```

非运算树:

```
Tree not_tree(Tree source);
```

负数运算树:

```
Tree neg_tree(Tree source);
```

right 操作树,right 树主要是为了保存值参,可以当成是多叉树的二叉树保存形式。

```
Tree right_tree(Tree *root, Tree newrightpart);
```

值参传递树(在分析到一个参数时调用一次,首次调用时传入 argtree 为 NULL,第一次调用时构建节点,后续的参数调用将树用 right 节点伸展,直到所有的函数/过程调用参数分析完毕):

```
Tree arg_tree(Tree argtree, Symtab function, Symbol arg, Tree expr);
```

取记录中的某个域树:

```
Tree field_tree(Symbol record, Symbol field);
```

取数组中的某个单元值树:

```
Tree array_factor_tree(Symbol array, Tree expr);
```

常量值树：

```
Tree const_tree(Symbol constval);
```

函数调用树：

```
Tree call_tree(Symtab routine, Tree argstree);
```

系统调用树：

```
Tree call_tree(int sys_id, Tree argstree);
```

双目运算树，双目操作包括：与、或、加法、减法、乘法、除法、求余操作。

```
Tree binary_expr_tree(int op, Tree left, Tree right);
```

比较运算树，比较运算包括：等于、不等于、大于、大于等于、小于、小于等于。

```
Tree compare_expr_tree(int op, Tree left, Tree right);
```

赋值树，左子树为赋值目的树，右子树为表达式树。

```
Tree assign_tree(Tree id, Tree expr);
```

标签节点：

```
Tree label_tree(Symbol label);
```

跳转操作节点：

```
Tree jump_tree(Symbol label);
```

条件跳转操作树：

```
Tree cond_tree(Tree cond, int trueorfalse, Symbol label);
```

加一节点：

```
Tree incr_one_tree(Tree source);
```

减一节点：

```
Tree decr_one_tree(Tree source);
```

语法分析的工作就是生成以 program 为根的语法树。基于效率考虑，在 SPL 实现上，并不生成完整的 program 树，而只生成需要生成中间代码的部分，并且以函数为单位组成森林。

3. 转换操作

SPL 编译器在生成语法树时包含了转换操作，我们接下来详细说明一下各种语法成分转换为语法树的过程。

(1)表达式：表达式是程序的重要组成部分。简化后的 SPL 表达式的 YACC 规则如下：

```
expression
: expression oGE expr { /* 生成比较运算树 compare_expr_tree */}
|expression oGT expr { /* 生成比较运算树 compare_expr_tree */}
```

```
|expression oLE expr { /* 生成比较运算树 compare_expr_tree */}
|expression oLT expr { /* 生成比较运算树 compare_expr_tree */}
|expression oEQUAL expr { /* 生成比较运算树 compare_expr_tree */}
|expression oUNEQU expr { /* 生成比较运算树 compare_expr_tree */}
|expr
;

expr:
expr oPLUS term { /* 生成双目运算树 binary_expr_tree */}
|expr oMINUS term { /* 生成双目运算树 binary_expr_tree */}
|expr kOR term { /* 生成双目运算树 binary_expr_tree */}
|term
;

term:term oMUL factor
|term oDIV factor { /* 生成双目运算树 binary_expr_tree */}
|term kDIV factor { /* 生成双目运算树 binary_expr_tree */}
|term kMOD factor { /* 生成双目运算树 binary_expr_tree */}
|term kAND factor { /* 生成双目运算树 binary_expr_tree */}
|factor
;

factor:
    yNAME { /* 生成取变量值树 id_factor_tree */}
    |yNAME oLP args_list oRP { /* 生成函数调用树 call_tree */}
    |SYS_FUNCT { /* 生成函数调用树 call_tree */}
    |SYS_FUNCT oLP args_list oRP { /* 生成函数调用树 call_tree */}
    |const_value { /* 生成常量树 const_tree */}
    |oLP expression oRP { /* 无操作 */}
    |kNOT factor { /* 生成非操作树 not_tree */}
    |oMINUS factor { /* 生成负数操作树 neg_tree */}
    |yNAME oLB expression oRB { /* 生成数组项操作树 array_factor_tree */}
    |yNAME oDOT yNAME { /* 生成域操作树 field_tree */}
;
```

另外,对于函数调用的参数:

```
args_list
: args_list oCOMMA expression { /* 生成值参传递树 arg_tree */}
|expression { /* 生成值参传递树 arg_tree */}
;
```

在生成表达式的语法树时从 factor 开始构建,在生成代码时以深度优先的方法遍历生成。

(2)赋值语句:赋值语句生成 assign_tree。左子树为接受赋值的变量树,右子树为表达式树。

(3)过程调用语句:过程调用语句生成 call_tree。左子树为第一个参数,右子树为记录其他参数的 right 树。

(4)复合语句:在分析复合语句时先生成一个 BLOCKBEG 节点,然后对复合语句中的每一个语句生成相应的语句树,在复合语句分析完成后加入一个 BLOCKEND 节点。

(5)if 语句:

```
if (cond) then
    statement1
else
    statement2
```

if 语句被转换成如下的形式:

```
    conditional jump to if_xxxx_false if cond is false
    statement1
    jump to if_xxxx_exit
if_xxxx_false:
    statement2
if_xxxx_exit:
```

其中,xxxx 为递增的多位数字。

(6)repeat 语句:

```
repeat
statement1
until (cond1);
```

repeat 语句被转换为如下的形式:

```
repeat_xxxx:
    statement1
    conditional jump to repeat_xxxx if cond is true
```

其中,xxxx 为递增的多位数字。

(7)while 语句:

```
while (cond) do
    statment1
```

while 语句被转换为如下的形式:

```
while_test_xxxx:
    contitional jump to while_exit_xxxx if (cond) is false
    statement1
    jump to while_test_xxx
while_exit_xxxx:
```

其中,xxxx 为递增的多位数字。

(8)for 语句:

```
for var1 := expression1 to/downto expression2 do
    statement1
```

for 语句被转换为如下的形式:

```
    var1 = expression1
for_test_xxxx:
    conditional jump to for_exit_xxxx if var1 >=/<= expression2
    statement1
    var1++ / var1--
    jump to for_text_xxxx
for_exit_xxxx:
```

其中,xxxx 为递增的多位数字。

注意:PASCAL 语句中的 for 语句可以加上 step 子句,这里留给读者作为练习。

(9)case 语句:

```
case expression1 of
casevalue1:
    statement1
casevalue2:
    statement2
...
casevaluen:
    statementn
end;
```

case 语句被转换为如下的形式:

```
    jump to case_test_xxxx
case_xxxx_xxx1:
    statement1
    jump to case_exit_xxxx
case_xxxx_xxx2:
    statement2
    jump to case_exit_xxxx
...
case_xxxx_xxxxn:
    statementn
    jump to case_exit_xxxx
case_test_xxxx:
    conditional jump to case_xxxx_xxxx1 if expression1 == casevalue1
    conditional jump to case_xxxx_xxxx2 if expression1 == casevalue2
```

```
    ...
    conditional jump to case_xxxx_xxxxn if expression1 == casevaluen
case_exit_xxxx:
```

其中,xxxx 为递增的多位数字。

(10)goto 语句:现在的 SPL 语言不支持 goto 语句,goto 语句作为习题留给读者实现。

(11)语法树的存储:生成的语法树记录在一个 list 结构 ast_forest 中,ast_forest 在 spl.y 的第 38 行定义:

```
00038    struct list ast_forest;
```

将各个树加入到这个 list 是通过 list_append( )函数调用(定义于 list.c 中)。如在 spl.y 中,赋值语句的处理:

```
00975    #ifdef GENERATE_AST
00976        t = address_tree(NULL, p);              /* 生成取地址树 */
00977        $$ = assign_tree(t, $3);                /* 生成赋值树 */
00978
00979        /* append to forest. */
00980        list_append(&ast_forest, $$);           /* 加入到 list */
```

8.2.3　语义分析

语法分析和语义分析结合很紧密。事实上,在 SPL 编译器的语义分析是穿插在语法分析中完成,因此,语义分析的代码也有很大一部分在 spl.y 中。语义分析主要完成:符号表维护,主要操作是往符号表添加符号和修改符号属性;语义检查和标注。

符号表用于跟踪关于名称的会聚信息和作用域。编译程序在词法或者语法分析阶段查找符号表,看它是否在符号表中,如果没有就加入。在语义分析阶段、中间代码生成和代码生成阶段也要通过查找符号表来获得标识符的属性信息。

符号表模块(symtab.c,type.c)主要提供数据结构的定义和符号表的初始化、增删表项、查找表象、设置属性值等基本操作。符号表之间的链接、数据的修改等其他操作,在中间代码生成模块中进行。

根据 PASCAL 程序的分程序结构特性,SPL 将符号表分成三类:系统符号表、全局符号表、局部符号表,各符号表根据定义的层次而链接形成广义表,这实际上体现了分程序的结构特性。

在物理的组织上,实际的程序设计中没有真正构造一个广义表,因为实现这样的结构所花的代价远大于它能带来的效率和性能的提高。在实现中,采用了一个先进后出的堆栈 Symtab_Stack 和一个先进先出的队列 Symtab_Queue。在符号表的内部组织上,采用二叉树和线性表的混合结构。

对符号标和类型定义的相关数据结构和操作有:

1. value 结构(常量值结构)

```
union value_{
    char c;
```

```
    char *s;
    int i;
    float f;
    boolean b;
    long l;
    unsigned long u;
    long double d;
    void *p;
    void (*g)(void);
};
```

2.symbol 结构

```
typedef struct symbol_{
    char name[NAME_LEN];                /* 标识符名称 */
    char rname[LABEL_LEN];              /* 标识符在汇编代码中的名称 */
    int defn;                           /* 标识符的属性 */
    Type type;                          /* 标识符的类型 */
    int offset;                         /* 变量在堆栈中的偏移量 */
    value v;                            /* 常量的值 */
    sturct symbol_ *next;               /* 下一个 symbol */
    struct symbol_ *lchild, *rchild;    /* 二叉树组织 */
    struct symbol_head_ *tab;           /* 指向符号表的表头结构 */
    struct type_ *type_link;            /* 同一种类型的下一个 symbol */
}symbol;
```

对于 symbol 的操作:

```
/* 创建一个符号表的表项,名称为 name,属性为 defn,类型为 type */
symbol *new_symbol(char *name, int defn, int type);
/* 创建一个系统表的表项 */
symbol *new_sys_symbol(KEYENTRY);
/* 复制一个表项 */
symbol *clone_symbol(symbol *origin);
/* 将符号加入符号表 */
void add_symbol_to_table(symtab *tab, symbol *sym);
/* 将符号加入符号表并组织二叉树 */
void add_var_to_local_table(symtab *tab, symbol *sym);
/* 将符号加入符号表的局部变量链表中 */
void add_local_to_table(symtab *tab, symbol *sym);
/* 将符号加入符号表的参数链表中 */
void add_args_to_table(symtab *tab, symbol *sym);
/* 判断一个符号的名称是否为 name */
boolean is_symbol(symbol *p, char *name);
/* 获取符号的子节数 */
int get_symbol_size(symbol *sym);
```

```
/* 查找名为 name 的符号,查找的起始符号表是 tab,一直找到最外层的符号表为止 */
symbol *find_symbol(symtab *tab, char name);
/* 查找名称为 name 的符号,但仅在符号表 tab 中进行 */
symbol *find_local_symbol(symtab *tab, char *name);
/* 查找名称为 name 的记录的域 */
symbol *find_field(symtabl *tab, char *name);
/* 显示一个符号的内容 */
void dump_symbol(symbol *sym);
```

3. type 结构(类型表的表项)

```
typedef struct type_ {
    char name[NAME_LEN];                /* 类型的名称 */
    int type_id;                        /* 类型的序号 */
    int num_ele;                        /* 结构类型中元素的个数 */
    int size;                           /* 类型的字节数 */
    int align;                          /* 对齐字节数 */
    symbol *first;                      /* 结构类型中第一个元素 */
    symbol *last;                       /* 结构类型中最后一个元素 */
    struct type_ *next;                 /* 组织类型标识符的链表的域 */
} type;
```

type_id 域记录了类型的特征序号,取值是(定义于 common.h 中的 81～98 行):

```
enum {
    TYPE_UNKNOWN = 0,
    TYPE_INTEGER = 1,
    TYPE_CHAR = 2,
    TYPE_REAL = 3,
    TYPE_BOOLEAN = 4,
    TYPE_ARRAY = 5,
    TYPE_ENUM = 6,
    TYPE_SUBRANGE = 7,
    TYPE_RECORD = 8,
    TYPE_VOID = 9,
    TYPE_STRING = 10,
    TYPE_POINTER = 11,
    TYPE_DOUBLE = 12,
    TYPE_FUNCTION = 13,
    TYPE_LONG = 14,
    TYPE_CONST = 15
};
```

对 type 的基本操作(type.c):

```
/* 创建系统类型 */
type *new_system_type(int base_type);
```

```
/* 创建子界类型,其元素为 ele_type */
type *new_subrange_type(char *name, int ele_type);
/* 为子界类型设置上下界 */
void set_subrange_bound(type *pt, int lower, int upper);
/* 创建枚举类型 */
type *new_enum_type(char *name);
/* 为枚举类型加入元素,ele_list 是元素链表 */
void add_enum_elements(type *pt, symbol *ele_list);
/* 创建数组类型,下标类型为 index,元素类型为 element */
type *new_array_type(char *name, type *index, type *element);
/* 创建记录类型,field_list 是域的链表 */
type *new_record_type(char *name, symbol *field_list);
/* 复制一个类型 */
type *clone_type(type *origin);
/* 从栈顶的符号表出发,查找名称为 name 的类型 */
type *find_type_by_name(char *name);
/* 从栈顶的符号表出发,查找类型为 typeid 的类型 */
type *find_type_by_id(int typeid);
/* 取得类型的字节数 */
int get_type_size(type *pt);
```

4.Symtab 结构(符号表的表头)

```
typedef struct symbol_head_{
      char name[NAME_LEN];                /* 符号表的名称,即过程或者函数的名称 */
      char rname[LABEL_LEN];              /* 过程或者函数在汇编代码中的名称 */
      int id;                             /* 过程或者函数的序号 */
      int level;                          /* 嵌套层次 */
      int defn;                           /* 属性值 PROG, FUNC,PROC 之一 */
      Type type;                          /* 过程或者函数的返回值 */
      int local_size;                     /* 局部变量的总字节数 */
      int args_size;                      /* 参数的总字节数 */
      symbol *args;                       /* 参数链表 */
      symbol *locals;                     /* 局部变量链表 */
      symbol *localtab;                   /* 局部符号表 */
      type *type_link;                    /* 过程或者函数返回值的类型链接 */
      struct symbol_head_ *parent;        /* 链接上一层符号表,即父辈函数过程的定义 */
} symtab;
```

编译器有两个相关的全局变量 Global_symtab(全局符号表)和 System_symtab(系统符号表),有关 symtab 的基本操作:

```
/* 创建一个符号表,其父辈符号表是 parent */
symtab *new_symtab(symtab *parent);
/* 创建系统符号表 */
```

```
symtab *make_system_table();
/* 将一个符号表入栈 */
void push_symtab(symtab *tab);
/* 将一个符号表出栈 */
symtab *pop_symtab();
/* 返回栈顶的符号表 */
symtab *top_symtab();
/* 查找名称为 name 的过程或者函数的符号表 */
symtab * find_routine (char *name);
/* 查找系统函数或过程 */
symtab *find_sys_routine(int routine_id);
```

其他的语义分析还包括变量定义检查、类型检查以及语句的合法性检查等操作。其主要涉及符号表接口。由于所做操作比较分散,请读者自行分析程序源码。

8.2.4 中间代码生成

在 SPL 编译器中中间代码的生成就是语法树森林到 DAG 森林的转换,DAG 的生成是通过树的遍历来完成的。

DAG 的节点定义如下:

```
struct node
{
    short op;                       /* operator code. */
#ifdef DEBUG

    char *op_name;                  /* operator name */
#endif

    short count;                    /* reference count */
    Symbol syms[3];                 /* related symbols */
    Symtab symtab;                  /* related symtab */
    union {
        int           sys_id;          /* system call id */
        struct
        {
            Symbol label;                 /* label symbol */
            int true_or_false;    /* true or false when jump to label */
        }
        cond;
    }u;
    Type type;                      /* type of this node */
    struct node* kids[2];           /* kids */
    struct node* link;              /* link */
```

```
    /* Xnode x; */
};
```

涉及的接口函数包括：

```
/* 将 ast 森林转换成的 dag 森林 */
int gen_dag(List astforest, List dagforest);
/* 遍历某棵树,并将其转换成 dag,并返回结果 */
Node travel(Tree t);
/* 创建一个新的节点 */
Node dag_node(int op, Node left, Node right, Symbol p);
/* 返回一个节点,如果当前有同样的可用节点则返回可用节点,否则创建一个新的节点 */
Node node(int op, Node left, Node right, Symbol p);
```

其中,gen_dag 对 ast 森林中的每棵树调用 travel,travel 通过后序遍历将树 t 转换为 DAG。对于每一个树的节点:t→op 成为 n→op,n→sym 从 t→u 联合结构中得到,t→kids 通过递归转换成为 n→kids。

gen_node 通过参数的值创建一个 node 结构。而 node 函数考虑了公共子表达式后返回匹配节点或者创建一个新的节点。

8.2.5 代码优化

SPL 编译器实现了两种代码优化:常量表达式求值和公共子表达式删除。两者都在语法树向 DAG 转换的中间代码生成过程时进行。

1. 常量表达式求值

常量表达式求值是指将常量表达式求值生成单一的常量节点,常量表达式求值由 dag.c 中的 const_folding()函数完成对不同类型的常量操作求值,包括:

```
(ADD (CONST+I c1)(CONST+I c2))    →    (CONST+I c1+c2)
(SUB (CONST+F c1)(CONST+F c2))    →    (CONST+F c1-c2)
(MUL (CONST+I c1)(CONST+I c2))    →    (CONST+I c1 * c2)
(DIV (CONST+F c1)(CONST+F c2))    →    (CONST+F c1 / c2)
(MOD (CONST+F c1)(CONST+F c2))    →    (CONST+F c1 % c2)
(AND (CONST+I c1)(CONST+I c2))    →    (CONST+I c1 & c2)
(OR (CONST+F c1)(CONST+F c2))     →    (CONST+F c1 | c2)
(NOT (CONST+I c1))                →    (CONST+I ! c1)
(NE (CONST+F c1)(CONST+F c2))     →    (CONST+F c1 != c2)
(EQU (CONST+I c1)(CONST+I c2))    →    (CONST+I c1 == c2)
(LE (CONST+F c1)(CONST+F c2))     →    (CONST+F c1 <= c2)
(GE (CONST+I c1)(CONST+F c2))     →    (CONST+I c1 >= c2)
(LT (CONST+F c1)(CONST+F c2))     →    (CONST+F c1 < c2)
(GT (CONST+I c1)(CONST+F c2))     →    (CONST+I c1 > c2)
```

具体实现请读者阅读 const_folding 函数代码。

2.公共子表达式的删除

公共子表达式删除是通过将公共子表达式指向同一个 DAG 节点完成。其作用空间为基本块(Basic Block)。一个基本块是单入口单出口的程序代码块。公共子表达式的删除在将 AST 森林转换为 DAG 森林的时候进行。

为了删除公共子表达式,必须确认公共子表达式节点是否已经存在。如果已经存在,则将域指针指向存在的表达式节点即可,否则创建新的节点。

分析每一个基本块时,系统维护一个可用节点表,在需要创建新的节点时,先在可用节点表中查找符合条件的节点是否已经存在,如果存在则返回此节点,否则生成新的节点并加入到可用节点表。

实现上,系统维护了一个 DAG 的哈希表,位于 dag.c 的 13～18 行:

```
00013 static struct dag
00014 {
00015     struct node node;
00016     struct dag *hlink;
00017 }
00018 *buckets[16];
00019
```

获取节点的函数 node 的代码如下(位于 dag.c 66～93 行):

```
00066 static Node node(int op, Node l, Node r, Symbol sym)
00067 {
00068     int i;
00069     struct dag *p;
00070
00071     i = available_node_hash(op, l, r, sym);
00072     /* (opindex(op)^((unsigned long)sym>>2))&(NELEMS(buckets)-1); */
00073     for (p = buckets[i]; p; p = p->hlink)
00074         if (p->node.op == op && p->node.syms[0] == sym
00075                 && p->node.kids[0] == l && p->node.kids[1] == r)
00076         {
00077             p->node.count ++;
00078             /* match. */
00079 #if DEBUG & CONST_FOLDING_DEBUG
00080
00081             printf("common expr found %s (%s).\n",
00082                 get_op_name(generic(p->node.op)),
00083                 p->node.syms[0]->name);
00084 #endif
00085
00086             return &p->node;
00087         }
```

```
    p = dag_node(op, l, r, sym);
    p->hlink = buckets[i];
    buckets[i] = p;
    ++nodecount;
    return &p->node;
}
```

在将树的节点转换成为 DAG 的节点时调用 node 函数，node 函数先通过哈希函数在可用节点中查找是否有相同的节点已经存在，如果已经存在则直接返回这个节点，否则创建一个新的节点并装入到可用节点表。

对于语句 inta ：= （intb + intc）+ 3 * （intb + intc），生成的树和 DAG 如图 8.3 所示。

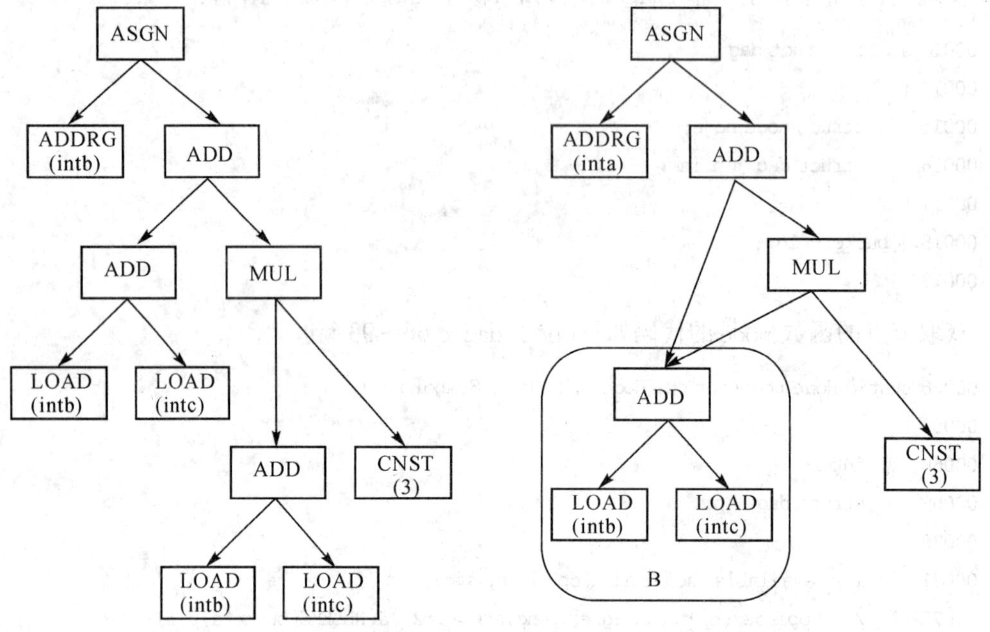

图 8.3　例子表达式生成的树和优化后 DAG

当某个变量的值被改变时，如赋值语句改变了一个变量的值，需要将可用节点表中删除受影响的节点。如以下的例子：

```
inta := intb + intc;
intb := 2;
intd := intb + intc;
```

那么，这里 intd 需要的 intb ＋ intc 表达式和 inta 需要的 intb + intc 表达式就不是公共变量表达式。

有两种情况需要对可用节点表进行处理：

(1)有赋值语句改变了变量的值。需要删除受改变影响的可用节点。

(2)清空所有的可用节点表。如在跳出基本块时需要清空所有的可用节点表。

第(1)种情况由 kill_nodes 函数完成(位于 dag.c 的 100～130 行)：

```
00100 static void kill_nodes(Symbol p)
00101 {
00102     int i;
00103     struct dag * * q;
00104 
00105     for (i = 0; i < NELEMS(buckets); i++)
00106     {
00107         for (q = &buckets[i]; * q; )
00108         {
00109             /*
00110             if (generic(( * q)->node.op) == LOAD &&
00111                 (! isaddrop(( * q)->node.kids[0]->op)
00112                 || ( * q)->node.kids[0]->syms[0] == p))
00113             */
00114             if (generic(( * q)->node.op) == LOAD &&
00115                 (( * q)->node.syms[0] == p))
00116             {
00117 #if DEBUG & COMMON_EXPR_DEBUG
00118                 printf("node %s killed.\n", p->name);
00119 #endif
00120 
00121                 * q = ( * q)->hlink;
00122                 --nodecount;
00123             }
00124             else
00125             {
00126                 q = &( * q)->hlink;
00127             }
00128         }
00129     }
00130 }
```

第(2)种情况由 reset()函数完成(位于 dag.c 132～137 行)：

```
00132 static void reset(void)
00133 {
00134     if (nodecount > 0)
00135         memset(buckets, 0, sizeof buckets);
00136     nodecount = 0;
00137 }
```

8.2.6　目标代码生成

如前所述,SPL 编译器可以分为前端和后端两个部分,前后端之间的数据接口是 DAG

中间代码。采用这样的结构的目的是前后端可进行独立的修改和扩充。如同样扩充C语言的前端,只要生成的DAG语义一致,则可以用同一个后端生成汇编代码;同样的原因,同一语言编写的代码可以交叉编译生成运行在不同的目标机器上的汇编语言。

前端和后端除了DAG数据输出的交互外,还需要其他的交互来合作生成目标代码。因此,SPL定义了一个前后端的接口。接口包含了以下部分。

1.数据类型的接口

定义目标机器支持的数据类型,类型的字节大小和对齐方式(common.h)。

```
typedef struct metrics
{
    unsigned char size, align, outofline;
}
Metrics;
```

2.函数接口

后端提供给前端的函数接口包括后端的初始化接口。前端未处理的参数视为后端的参数,并传递给program_begin函数。

返回值表示初始化是否成功:

```
int (*program_begin)(Env *global_env);
```

文件分析结束时调用的结束函数(后端可在此函数中做相应处理,如释放内存,关闭输出文件等):

```
int (*program_end)(Env *global_env);
```

main函数初始化接口(某些汇编代码需要对main函数做特殊处理):

```
int (*main_begin)(Env *main_env);
```

main函数分析结束接口:

```
int (*main_end)(Env *main_env);
```

全局变量处理函数:

```
int (*global_variable)(Symbol *symbol);
```

局部变量处理函数:

```
int (*local_variable)(Symbol *symbol);
```

标签处理函数:

```
int (*def_label)(Symbol *symbol);
```

地址处理函数(在符号表中添加一项,且地址为q + n):

```
int (*def_address)(Symbol *p, Symbol *q, int n);
```

常量处理函数(其中type说明类型,value说明值。对于常量,部分常量可以放在立即数中,另外的需要在数据段中定义。如字符串):

```
int (*def_const)(int type, Value *value);
```

空间申请函数。申请一块n的地址空间:

```
int ( * alloc_space)(int n);
```

对节点进行处理的函数(如选择指令,预分配寄存器等):

```
int ( * mark_node)(Node * rootnode);
```

代码生成函数(输入为 marknode 处理结果,最终的汇编代码在本函数输出):

```
int ( * gen_code)(Node * rootnode);
```

函数处理函数(识别出的函数 DAG 树通过调用完成汇编代码的输出):

```
int ( * function_process)(List dags);
```

代码块的开始和结束需要后端的介入,因此,对语句块定义两个接口函数。

语句块开始处理函数(其中 BlockContext 供后端私有记录信息):

```
int ( * block_begin)(BlockContext * context);
```

语句块结束处理函数:

```
int ( * block_end)(BlockContext * context);
```

将符号定义作为外部定义:

```
void ( * def_export)(Symbol);
```

引入外部定义:

```
void ( * def_import)(Symbol);
```

上述的所有函数和数据定义在统一的后端接口结构中。

```
typedef struct interface
    {

        /* type interface */
        Metrics charmetric;
        Metrics shortmetric;
        Metrics intmetric;
        Metrics floatmetric;
        Metrics doublemetric;
        Metrics pointermetric;
        Metrics structmetric;

...

        /* function interface. */
        int ( * program_begin)(Env * );
        int ( * program_end)(Env * );
        int ( * main_begin)(Env * );
        int ( * main_end)(Env * );
        int ( * def_address)(Symbol p, Symbol q, long n);
        int ( * block_begin)(BlockContext * context);
        int ( * block_end)(BlockContext * context);
```

```
        int ( * global_variable)(Symbol symbol);
        int ( * local_variable)(Symbol symbol);
        int ( * def_label)(Symbol symbol);
        int ( * def_const)(int type, Value value);
        int ( * alloc_space)(int n);
        int ( * mark_node)(Node rootnode);
        int ( * gen_code)(Node rootnode);
        int ( * function_process)(List dags);
        void ( * def_export)(Symbol);
        void ( * def_import)(Symbol);
        /* Xinterface x; */
    }
Interface;

typedef struct binding
{
    char * name;
    Interface * ir;
}
Binding;

extern Binding bindings[];
extern Interface * IR;
```

需要说明的是，上述接口的大部分接口为预留接口，现在的 SPL 编译程序实现了 function_process 函数。

每一个 interface 和一个名字联系在一起，在运行的时候可以以参数 -t 来选取。在 main.c 定义了可用的后端：

```
Binding bindings[] =
    {
        {"i386dos", &X86_dos_interface},
        {"i386linux", &X86_linux_interface}
    };
```

8.2.7 错误处理

错误处理是一个非常困难的领域，很多问题是语义问题。例如，当找到一个错误的时候，可能必须收回解析树存储，删除或更改符号表条目、典型的设置开关来避免生成进一步的输出。

在找到一个错误的时候就停止所有处理是很少能被接受；继续扫描输入来找到进一步的语法错误是更加有用的。这导致在一个错误之后使解析器"重新启动"的问题。做这件事的常规的算法涉及从输入字符串中丢弃一些记号，和尝试调整解析器让输入可以继续。

SPL 的错误处理接口分为 3 个部分：

1.错误位置定位和错误信息打印

错误位置定位和错误信息打印,在词法分析器中记录源文件的行号和出错语法元素的列号。在标准错误文件中和错误记录文件中打印输出错误信息。

(1)错误位置在词法分析(spl.l)器中定义了 3 个变量:

```
extern int line_no;       /* line no. */
extern int line_pos;      /* position of line. */
extern char line_buf[]; /* buffer of current line. */
```

(2)行的内容和列号在宏 DUMP_SOURCE 中维护:

```
#define DUMP_SOURCE if(dump_source) ECHO; \
    if (line_pos + strlen(yytext) < MAX_LINE_LENGTH) \
    memmove(line_buf + line_pos, yytext, strlen(yytext) + 1); \
    line_pos += strlen(yytext);

```

(3)对行号的维护在处理注释和分析到回车字符时维护:

```
"{"         {
                int c;

                /* DUMP_SOURCE */

                while ((c = input()))
                {
                    if (c == '}')
                    {
                        break;
                    }
                    else if (c == '\n')
                    {
                        line_no ++;
                    }

"\n"                {
                        line_no++;
                        line_pos = 0;
                        line_buf[line_pos] = 0;
                    }
                      {
                    DUMP_SOURCE
                      }
```

(4)在错误输出时(error.c)中对位置进行输出对齐处理:

```
static void print_pos(FILE * fp)
{
    int i;

    for (i = 0; i < line_pos; i++)
    {
        if (line_buf[i] == '\t')
            fprintf(fp, "\t");
        else
            fprintf(fp, " ");
    }

    fprintf(fp, "^");
}

void parse_error(char * info, char * name)
{

    fprintf(errfp, "\nError at line %d:\n", line_no);
    fprintf(errfp, "%s\n", line_buf);
    print_pos(errfp);
```

输出的错误会以以下形式：

```
Error at line 3:
        int abc
            ^: syntax error, unexpected yNAME, expecting oCOMMA or oCOLON
```

由于SPL的语法分析是通过YACC实现，因此，语法错误的处理和恢复依赖于YACC提供的接口。在YACC生成的语法分析器分析到语法错误时，会调用yyerror(char * s)这一外部函数。传入的char * s即为检测到的语法错误，可以通过在YACC规则的declare区加入%error－verbose来生成详细的语法错误说明。如上例的unexpected yNAME, expecting oCOMMA or oCOLON；否则只生成基本的“syntax error”这样的信息。

2. 语法错误的恢复

当YACC生成的语法分析器读输入流时，该输入流可能与语法文件中的规则不匹配。当出现错误时，解析器停止，除非提供了错误处理子例程。

YACC提供了一个简单但相当一般性的特征。将终结符(或者认为是记号)“error”保留给了错误处理。error终结符可以用在语法规则中；在效果上，它提出了预期的错误和修复发生的位置。解析器弹出它的栈直到进入记号“error”是合法时的一个状态，接着分析器移进“error”，如果接下来的记号无法匹配规则，则丢弃这些记号，直到到达有匹配规则的记号。

为了防止连锁(cascade)的错误消息，解析器在检测到一个错误之后，保持在错误状态下直到成功的读取并移进了三个记号。如果解析器在错误状态下的时候又检测到一个错误，则不给出该消息，只是删除输入记号。

作为一个例子，SPL 在分析 program 头部的时候的语法规则为：

```
program_head
:kPROGRAM yNAME oSEMI
{
    ...
}
|error oSEMI
;
```

在效果上，意味着在分析 kPROGRAM yNAME 的时候遇到语法错误的时候，解析器将清除已经归结的非终结符号和状态，直到 program_head 之前识别的语法成分，然后往前识别记号直到遇到 oSEMI，这样，分析器认为识别到了 program_head。并且是以 error oSEMI 的规则匹配。

对于有错误的 SPL 程序语句：

```
program hello ();
```

语法分析器将识别出这个错误，并继续语法分析。输出的错误结果如下：

```
Error at line 1:
program hello (
              ^: syntax error, unexpected oLP, expecting oSEMI
```

spl.y 中还有其他语法恢复规则，读者可以自行搜索 error 终结符得到。

3. 语义错误处理和恢复

除了语法错误外，程序代码可能还有语义错误。最常见的如变量未声明、类型不匹配等。如果对于同一个未声明的变量不同地方的引用产生多个变量未声明错误是没有意义的。SPL 方法是在第一次遇到没有声明的变量时打印一个错误，并将此变量加入符号表。接下来的对此变量的引用将可以在符号表中找到此变量。

8.3　语言的扩充和实现

SPL 实现了标准 PASCAL 语言的一个子集：

文法：整数 PASCAL 文法。

关键字：and, array, begin, case, const, div, do, downto, else, end, file, for, function, goto, if, in, label, mod, nil, not, of, or, packed, procedure, program, record, repeat, set, then, to, type, until, var, while, with。

标准常量：False, True, Maxint

数据类型：整型、布尔型、字符型、字符串、枚举、子界、数组、记录。

数据操作：加、减、乘、除、整除、取模、布尔代数。

I/O 操作：read, write, readln, writeln。

标准函数：abs, odd, sqr, sqrt, succ, pred。

语句:if-then-else 语句,repeat-until 语句,while 语句,for 语句,case 语句。

函数和过程:支持分程序规则,可嵌套、递归调用。

类型检查:较强

对应的,对 SPL 的扩充可以从以上的各个部分进行:

数据类型:加入 real 型,double 型,real 型数组,double 型数组。

数据操作:real 型和 double 型加,减,乘,除,取整,转换,比较。

I/O 操作:标准 Input 和 output 文件。

标准函数:加入 arctan,chr,cos,eof,eoln,exp,ln,ord,round,sin,trunc。

标准过程:加入 get,new,pack,page,put,reset,rewrite,unpack。

类型检查:强类型检查和类型转换。

我们以加入 real 型类型为例说明如何实现语言的扩充。

8.3.1 词法分析器的语言扩充

加入 real 型支持在词法分析器中相对比较简单,加入小数点和科学计数法表示的实数就可以。将实数的值保存在 p_char 域(spl.l):

```
{dec}+(\.{dec}+)?([E|e][+\-]?{dec}+)? {
    DUMP_SOURCE
    strncpy(yylval.p_char, yytext, NAME_LEN);
        if (dump_token)
        {
            printf("token: cREAL, yylval.p_char = %s.\n", yylval.p_char);
        }
        return cREAL;
}
```

在 KEYENTRY 表中加入 real 系统类型(spl.l):

```
{"real",        SYS_TYPE,     KEYWORD, 0, 0 },
```

8.3.2 语法分析器的语言扩充

在 const_value 部分的分析中加入对 cREAL 的支持(spl.y):

```
const_value
:cINTEGER
{
        /* integer const, temperary named $$$, will change later. */
        p = new_symbol("$$$", DEF_CONST,
                TYPE_INTEGER);
        p->v.i = $1;
        $$ = p;
}
|cREAL
```

```
{
        p = new_symbol("$$$",DEF_CONST,
                TYPE_REAL);

        p->v.f = atof($1);
        $$ = p;
}
```

在表达式的 factor 中对 real 的常量和 string 一样处理(spl.y):

```
|const_value
{
        switch($1->type->type_id){
                case TYPE_REAL:
                case TYPE_STRING:
                        add_symbol_to_table(Global_symtab, $1);
                        break;
```

8.3.3 符号表的语言扩充

将 real 型加入到系统类型表中(type.c)。

```
type *new_system_type(int base_type)
{
    type *pt;
...
    case TYPE_BOOLEAN:
        strcpy(pt->name, "boolean");
        break;
    case TYPE_REAL:
        strcpy(pt->name, "real");
        break;
```

在生成系统符号表的函数中加入生成 real 型的符号项的代码(symtab.c)。

```
void make_system_symtab()
{
...
    pt = pt->next;
    pt->next = new_system_type(TYPE_BOOLEAN);
    pt = pt->next;
    pt->next = new_system_type(TYPE_REAL);
```

正确计算 real 型大小:(symtab.c)。

```
int get_symbol_size(symbol *sym)
{
```

```
...
case TYPE_BOOLEAN:
    return IR→intmetric.size;
case TYPE_REAL :
    return IR→floatmetric.size;
```

8.3.4 树和DAG扩充

对浮点的扩展涉及树和DAG的扩充为CVF和CVI操作,分别为整型到浮点类型转换,以及浮点到整型的类型转换。在语法分析表达式的分析和赋值语句分析时需要插入CVF和CVI树。这部分的扩充作为练习留给读者。

8.3.5 目标代码生成的语言扩充

在代码生成的过程中,对浮点运算生成浮点指令。在X86平台上real类型的装入,可使保存和运算指令和整型不同,比较基本的浮点指令有:

浮点压栈指令:

flds Addr,将Addr处所存单精度数压栈
fldl Addr,将Addr处所存双精度数压栈

栈顶(%st(0))保存到内存指令:(出栈与否可选择,最后带p字母的代表出栈)

fsts Addr,单精度数保存到Addr,不出栈
fstps Addr,单精度数出栈,保存到Addr
fstl Addr,双精度数保存到Addr,不出栈
fstpl Addr,双精度数出栈,保存到Addr

特殊值压栈指令:

fldz,将0压栈,fld1,将1压栈
fldl2t,将以2为底10的对数压栈
fldl2e,将以2为底e的对数压栈
fldlg2,将以10为底2的对数压栈
fldln2,将2的自然对数压栈

交换指令:

fxch,交换%st(0)和%st(1)

运算指令:

fadds, faddl,加法预算
fsubs, fsubl,减法运算
fmuls, fmull,乘法运算
fdivs, fdivl,除法运算

详细的Intel浮点运算指令可以查看具体浮点运算器的指令手册。

8.4 实现方法的替换和实现

只要符合如前所述的SPL编译器接口,读者即可以自行对SPL的各个部分进行实现方

法的替换和扩充。如采用自己实现的 DFA 词法分析器来代替 LEX 生成的词法分析器,编写递归下降语法分析器,扩充语义分析部分加入更强类型检查和类型转换,从 AST 树生成其他中间代码(如三元式、四元式等),添加多种、多遍代码优化等。

在后端的扩充和替换方面,只需要符合后端的接口就可以对目标机器进行替换。如增加 SPARC 芯片 Solaris 操作系统的后端,m68k 芯片、ARM 芯片的 uClinux 后端,或者自定义虚拟机后端等。

8.5 编译器的编译和测试

编译器以 SPL-x. y. z. tbz2 的形式发布,其中 x. y. x 是版本号,当前的版本为 0.1.5。. tbz2 结尾的是 bzip2 压缩格式。解压后包含的主要文件和目录如下:

CVS 目录,版本维护目录
test,测试程序目录
    test. pas,一个 pascal 测试程序
    err. pas,一个有错误的 pascal 测试程序
readme. txt,自述说明文件
spl. l,LEX 格式词法分析器规则文件
spl. y,YACC/bison 语法分析器规则文件
Makefile,Linux 下的 Make 规则文件
compiler. dsw, compiler. dsp,Visual Studio 的工程文件
dag. c,dag 生成,维护源文件。
dag. h,dag 生成,维护头文件。
ops. c,运算符到运算符名称对应关系表和相互查找源文件。
ops. h,头文件。
opti. c,中间代码优化文件。
X86. c,不生成 ast,直接进行 DOS 汇编代码生成的实现源文件。
X86. h,头文件。
X86linux. c,X86linux 后端源文件。
X86dos. c,X86dos 后端源文件。
X86rtldos. asm,系统函数的 DOS 汇编实现部分。
X86rtllinux. asm,系统函数的 Linux 汇编实现部分。
error. c,错误处理文件。
error. h,头文件。
common. h,总头文件。
config. h,编译相关的配置头文件。
list. c,简单链表实现源文件。
main. c,主程序文件。
symtab. c,符号表维护源文件。
symtab. h,符号表相关定义头文件。
tree. c,AST 树维护源文件。

tree.h,AST树相关定义头文件。

type.c,类型维护源文件。

type.h,类型相关定义头文件。

alloc.c,内存管理源文件。

make.bat,DOS下编译可执行文件批处理命令。

make.sh,Linux下编译可执行文件脚本文件。

8.5.1 Linux环境下的编译和运行

1.环境要求

(1)Linux 2.6以上内核。

(2)GCC 3.4以上版本。

(3)Bison 2.2以上版本。

(4)Flex 2.5.33以上版本。

发行版可以采用Ubantu,Gentoo,Fedora Core等。如果需要测试DOS下的汇编代码,另外需要安装:DOSemu 1.4以上版本、Masm 6以上汇编器。

2.编译

在Linux环境下,运行以下命令完成编译(其中的x.y.z为SPL编译器的发布版本,当前为0.1.5):

(1)将SPL-x.y.z.tbz2拷贝到目的目录,运行tar jxvf SPL-x.y.z.tbz2解开。

(2)进入解开后的目录cd compiler

(3)运行make编译生成程序。

(4)可执行程序编译成功后生成splc可执行程序。

3.测试

(1)生成汇编代码:测试程序位于test子目录。在命令提示符下,运行splc -t X86linux test/test.pas即可在test目录下生成test.pas的汇编代码。

(2)编译成可执行程序:运行cd test && ../make.sh test即可生成Linux下可执行文

```
COMMAND - DOS in a BOX
Microsoft (R) Macro Assembler Version 6.11
Copyright (C) Microsoft Corp 1981-1993.  All rights reserved.

 Assembling: x86rtl.asm
C:\tmp>link /CODEVIEW hello.obj x86rtl.obj,hello.exe,,,,

Microsoft (R) Segmented Executable Linker  Version 5.31.009 Jul 13 1992
Copyright (C) Microsoft Corp 1984-1992.  All rights reserved.

LINK : warning L4021: no stack segment
Microsoft Debugging Information Compactor  Version 4.01.00
Copyright(c) 1987-1992 Microsoft Corporation

Line/Address size    =      2188
Public symbol size   =       248
Initial symbol size  =      1143
Final symbol size    =      1240
Global symbol size   =         0
Initial type size    =       228
Compacted type size  =        36
C:\tmp>hello
C:\tmp>hello
inta = 200
C:\tmp>
```

图8.4 Linux下模拟DOS运行界面

件 test。

(3)运行测试程序:运行./test 即可执行测试程序。在 Linux 下安装了 DOSemu 后,可以测试为 DOS 生成的 asm 代码。运行 DOSemu 后的界面如图 8.4 和图 8.5 所示。

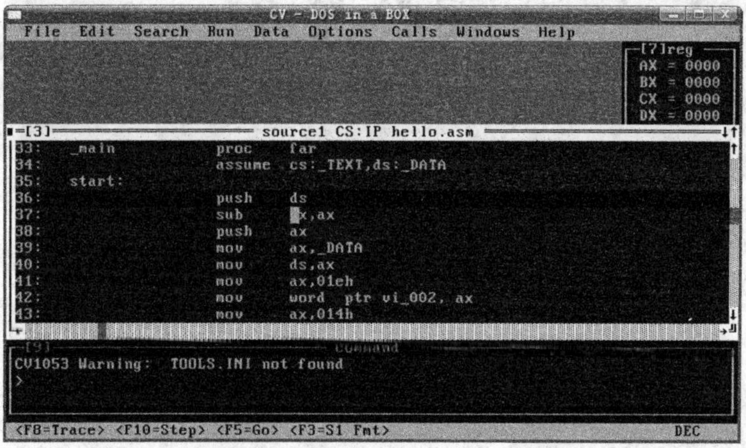

图 8.5　Linux 模拟 DOS 下 Masm 调试器运行界面

8.5.2　Windows 环境下的编译和运行

1. 环境要求

(1)Visual Studio 6.0。

(2)Masm 6.0 以上版本。

2. 编译

在 Windows 环境下,直接解开 SPL－x. y. z. tbz2。然后用 Visual Studio 打开相应的工程文件并编译。

3. 测试

(1)生成汇编代码:测试程序位于 test 子目录。在命令提示符下,运行 splc －t X86dos test/test. pas 即可在 test 目录下生成 test. pas 的汇编代码。

(2)编译成可执行文件:运行../make. bat test 生成 test. exe 文件。

(3)运行测试程序:运行 test。

附件 1

实验题目

第一类题目

实验一　利用 LEX 计算文本文件的字符数等

实验目的

了解 LEX 的基本编程方法。

实验要求

编写一个 LEX 输入文件，使之生成可计算文本文件的字符数、单词数和行数且能报告这些数字的程序。单词为不带标点或空格的字母和/或数字的序列。标点和空白格不计算为单词。

建议实验学时 2～3 小时。

实验指南

LEX 编译器的工作原理是：LEX 编译器将 LEX 源程序中的正规式经过若干步骤的转换（正规式→NFA→DFA→最小状态数的 DFA），最终转换成相应的等价确定有限状态自动机，并将其动作插入到 lex.yy.c 中适当的地方。控制流是由确定的有限状态自动机的解释器掌握，解释器是 LEX 的构成部分，对不同的输入源程序来说解释器是相同的。

熟悉 LEX 的基本使用方法，并确定某一比较熟悉的语言作为生成后的源语言，建议为 C 或 C++ 语言。

要能用正规表达式正确地表示有关单词。

实验二　利用 LEX 进行字母的大小写转换

实验目的

了解 LEX 的基本编程方法。

实验要求

编写一个 LEX 输入文件，使之可生成将 SPL 程序注释之外的所有关键字（保留字）均转换为大写的程序。有关 SPL 的关键字请见第 2 章或第 8 章所述。该 LEX 生成的程序要能够对 SPL 源程序进行分析，将不是大写的关键字均转换为大写。

建议实验学时 2～3 小时。

实验指南

熟悉 LEX 的基本使用方法,了解有关词法分析中对关键字的一些处理方法。

程序中关键字的词法规则符合标识符的词法规则,故在处理时要加以区分。词法分析器在扫描过程中只要遇到符合标识符词法规则的单词,如果没有出错,则统一标识为 ID,当扫描完一个单词时,调用函数 id_or_keyword(),查询关键字表,确定是否是关键字,如果是,则将 LEX 部分标记为该单词在关键字表中对应的项。

实验三　利用 YACC 生成中缀表示的计算器

实验目的

了解 YACC 处理二义性的方法。

实验要求

生成如下文法表示的表达式对应的计算器:

```
exp→exp + exp | exp - exp
    | exp * exp |exp / exp
    |exp ^ exp | - exp
    |(exp) |NUM
```

对于输入的中缀表达式,要给出结果。如 3 +(4 * 5)结果应为 23。要求能连续处理若干个数学表达式,直到输入结束或文件结束。

建议实验学时 2～3 小时。

实验指南

熟悉 YACC 的基本使用方法。

YACC 是一个编译程序的编译程序,用户提供的语言的语法描述规格说明它基于 LALR 语法分析的原理,YACC 输入将自动构造为一个该语言的语法分析器;同时,它还能根据规格说明中给出的语义子程序建立规定的翻译。

一般来说,二义文法有两种解决方法,一种是直接修改文法,使该文法不存在二义性;另一种方法是保留文法的二义性,当语法分析出现冲突时规定一种解决办法。YACC 在解决二义性上采用了比较简单实用的方法:①产生"归约 - 归约"冲突时,按照规则说明中产生式的排列顺序,选择排在前边的产生式进行归约;②当产生"移进—归约"冲突时,选择执行移进动作。并且可以在说明部分用 %left、%right 以及该符号所形成语句的次序给终结符赋予优先级和结合性。

实验四　利用 YACC 生成能进行整数和实数运算的计算器

实验目的

了解 YACC 属性处理的基本方法。

实验要求

生成如下文法表示的表达式对应的计算器:

```
exp→exp + exp | exp - exp
```

```
| exp * exp |exp / exp
|exp ^ exp | - exp
|(exp) |NUM
```

对于输入的中缀表达式,要给出结果。举例说明:

```
3 + (4 * 5) = 23
3+ (4.2 * 2) = 11.4
3.2+ (1/2) = 3.7
3+(1/2) = 3
```

要求能连续处理若干个数学表达式,直到输入结束或文件结束。

建议实验学时 2～3 小时。

实验指南

熟悉 YACC 的基本使用方法。学会 YACC 中语义动作的编写。

YACC 的语义动作是 C 语言的语句序列。在语义动作里,符号 $ $ 表示和左部非终结符相关的属性值,$1 表示和产生式右部第一个文法符号(终结符或非终结符)相关的属性值,$n 表示和产生式右部第 n 个文法符号相关的属性值。在每个 $ i 的值都求出之后再求 $ $ 的值。

要特别注意这两个例子:

3.2+ (1/2) = 3.7　　(1)

3+(1/2) = 3　　(2)

语义动作要能支持以上所列的运算。语法分析程序不是根据两个运算对象本身来确定是实数型运算还是整数型运算,而是要根据整个表达式中的构成情况来判断,只要这个表达式中有一个运算对象是实数型的,则该表达式中的所有运算都必须按实数来进行。

实验五　用递归下降法进行表达式分析

实验目的

掌握用递归下降法进行语法分析的方法。

实验要求

已知表达式文法的扩充巴克斯范式为:

```
S→ E#
E→ T{ +T | -T}
T→ F{ *F | /F}
F→ (E) | i
```

从键盘或文件输入表达式,利用递归下降法求出其值。若输入表达式有错,则给出报错提示。例如:输入表达式串为 13+5*4,则应给出结果为 33。

本实验建议时间为 2 小时。

实验指南

词法分析器可用第二类题目中实验二的词法分析器,也可以只针对该表达式文法简单地写一个词法分析程序。

递归下降分析的核心思想是:将一个非终结符A的文法规则看作用于识别A的一个过程的定义;再利用对这些过程的递归调用组成整个分析程序。每个过程的代码结构由A的文法规则的右边决定:一个选中的终结符与相匹配的输入相对应,一个选中的非终结符与对其代表的过程的调用相对应。

对表达式文法中每一非终结符均可建立一个函数或过程进行识别。

要进行递归下降分析,必须对文法进行扩充,进行形式上的修改,加入一些语言符号将巴科斯范式(Backus-Naur Form,BNF文法)变换成扩充的巴科斯范式(EBNF),使语法分析程序避免出现无限循环的问题。

第二类题目

这类题目中标记有难度系数,一个星号(*)最容易,五个星号(*****)难度最大。

实验一 利用计数器将嵌套注释添加到SPL词法分析程序中

实验目的

熟悉编译器处理注释的方法,并能替换SPL词法分析中对注释的处理部分。

实验要求

高级程序语言的注释用于说明程序的意义,在编译时忽略它们。不同的语言有各种不同的注释形式,所需处理方法也各不相同,SPL的注释是括在大括号中的字符串,不能嵌套。如:{ It is a comment }。SPL编译器不支持对嵌套注释的处理。要求能利用计数器或辅助堆栈解决嵌套注释的处理,并替换SPL中这一部分的代码,使SPL编译器能够处理嵌套的注释。

建议实验学时2~4小时。难度系数**。

实验指南

了解注释的处理方法,熟悉SPL编译器中词法分析模块的基本构成。

注释在词法分析过程中是被忽略的,然而词法分析程序必须识别注释并舍弃它们。在识别注释时会遇到另一个复杂的问题是在一些程序设计语言中,注释可被嵌套。在嵌套的注释中,注释分隔符必须成对出现,注释的嵌套要求分析程序能计算分隔符的数量,但正规表达式不能表示计数操作。所以,要增加额外的辅助结构来识别这种嵌套的注释。

实验二 手工生成SPL语言词法分析器

实验目的

掌握手工生成词法分析器的方法,了解词法分析器的内部工作原理。

实验要求

手工编制SPL语言词法分析函数int yylex( ),并能替换SPL中已有的词法分析程序。每调用此函数一次,从当前待编译文件中识别出一单词,并给出其类型和值。有关该词法分析器的具体要求要和 SPL 原有的词法分析程序基本一致。

建议实验时间为 5～6 小时。难度系数＊＊＊。

实验指南

要熟练掌握词法分析器的功能和输出格式。要对 SPL 中的有关词法分析部分的数据结构了解透彻;了解 SPL 中的单词的构成,并能够正常输出识别后的结果,做好在 SPL 中的替换工作。

需注意点:词法分析时,常常会用到超前搜索方法。如当前待分析字符串为“a＞5”,当前字符为“＞”,此时,分析器到底是将其分析为大于关系运算符还是大于等于关系运算符呢?显然,只有知道下一个字符是什么才能下结论。于是分析器读入下一个字符“5”,这时可知应将“＞”解释为大于运算符。但此时,超前读了一个字符“5”,所以要回退一个字符,词法分析器才能正常运行。在分析标识符、无符号整数等时也有类似情况。

实验三　用递归下降的分析方法完成对 SPL 语言的语法分析,并生成语法树

实验目的

掌握递归下降的语法分析方法。

实验要求

用递归下降的语法分析方法对 SPL 进行语法分析,并生成相应的语法树。能替换 SPL 中已有的语法分析程序。

所需实验时间较长,建议为 2～3 周。难度系数＊＊＊＊＊。

实验指南

预习有关递归下降分析方法,熟悉 SPL 编译器中与语法分析程序相关的词法分析程序和代码生成程序的接口,替换相应的模块。

递归下降分析的核心思想是:将一个非终结符 A 的文法规则看作用于识别 A 的一个过程的定义;再利用对这些过程的递归调用组成整个分析程序。每个过程的代码结构由 A 的文法规则的右边决定:一个选中的终结符与相匹配的输入相对应,一个选中的非终结符与对其代表的过程的调用相对应。

对表达式文法中每一非终结符均可建立一个函数或过程进行识别。

要进行递归下降分析,必须对文法进行扩充,进行形式上的修改,加入一些语言符号将巴科斯范式(Backus-Naur Form,BNF 文法)变换成扩充的巴科斯范式(EBNF),使语法分析程序避免出现无限循环的问题。

注意:该实验题难度较大,因为语法分析程序是整个编译器中的核心部分,要替换 SPL 中的语法分析器,必须对 SPL 编译器具有相当的熟悉程度。

实验四　在 spl.y 中加入适当处理代码能检测除数是常数零的错误

实验目的

了解编译器错误处理的一些基本方法。

实验要求

在原有的语法制导翻译中增加有关错误处理代码,该代码能够检测常量除数是零的情况,由于代码生成和错误处理是嵌入在语法分析 spl.y 中,所以,要了解语法分析程序中各个处理细节,增加对常量除数为零的情况的检测。

建议实验时间为 3～5 小时。难度系数 * *。

实验指南

熟悉 SPL 中与常量处理相关的一些模块。

检测除数是常量零的情况在错误处理中属于相对简单的问题,找出 SPL 中与此有关的代码,在识别出除法运算时检查除数是否为常数零的情况,如果是的,就报告有关错误所在的行号和错误的性质等。

实验五 加入合适的错误产生式来实现 while 语句中条件表达式出错时的错误恢复

实验目的

掌握 YACC 的错误处理机制。

实验要求

YACC 可以使用出错产生式的形式进行错误恢复。可以把 $A \rightarrow \text{error}\ \alpha$ 出错产生式加到文法中。其中 A 是文法中的非终结符,error 是 YACC 保留字,α 是文法符号串,可能为空串。针对该出错产生式还需增加有关出错处理的代码。这个实验题要求在 SPL 中已有错误处理的产生式的基础上,再增加一个错误产生式,来实现 while 语句中条件表达式出错时的错误恢复。

建议实验时间为 4～5 小时。难度系数 * * *。

实验指南

熟悉 YACC 的错误处理的基本方法。并了解 SPL 中错误处理的相关代码。

错误产生式是在 YACC 中用于错误恢复的主要方法。当发生错误时,YACC 分析程序的行为以及它处理错误产生式的行为如下所示。

· 当分析程序在分析中检测到错误时(即它遇到分析表中的一个空项),它会从分析栈中弹出状态直至到达一个其中的 error 伪记号是合法的先行的状态。其结果是将输入丢弃到错误的左边,并将输入看作是包括了 error 伪记号。

· 一旦分析程序找到了栈上的一个状态,在该状态中的 error 就是一个合法的先行,它以正常的风格继续移进和归约。其结果是好像在输入中看到了 error,它的后面是初始先行(也就是导致错误的先行)。

· 如果分析程序在一个错误发生之后发现了更多的错误,则直到将 3 个成功的记号合法地移进到分析栈中之后为止,引起错误的输入记号才会被无声地丢弃掉。此时认为分析程序是位于一个“错误状态”之中。这个行为设计用来避免由相同错误引起的错误信息级联。

实验六 在SPL编译器的基础上使用标签语句和跳转语句的组合实现goto语句的支持

实验目的

在SPL编译器的基础上增加goto语句的功能。熟悉编译器各个模块的主要原理。

实验要求:通过增加goto语句,能丰富原有SPL语言的语句成分,提高SPL语言的灵活程度。要求增加了该语句后SPL编译器能够正常处理含有goto语句的程序。

建议实验时间为1周左右。难度系数* * * *。

实验指南

在SPL编译器各个部分中增加对该语句的处理代码,首先在词法分析程序增加有关单词及其相关处理;在语法分析中增加文法及其相关处理,包括生成语法树和DAG;在代码生成阶段生成有关转移语句和标签语句。

由于牵涉到编译器的各个部分,虽然goto语句本身并不复杂,但要在原有SPL语言中增加该语句,对编译器的修改也还需要花费较多的时间。

实验七 将SPL的中间代码换成自定义的四元式中间代码,并将其翻译成汇编代码

实验目的

将SPL编译器中的中间代码进行替换,将语法树替换为四元式中间代码。

实验要求

了解原有SPL编译器的中间代码的形式以及和中间代码相关的功能模块,

制定适合SPL语言的抽象的四元式中间代码,并将有关的功能模块进行替换或修改。

建议实验时间为2~3周。难度系数* * * * *。

实验指南

一个四元式是一个带有四个域的记录结构,这四个域分别为op,arg1,arg2和result。域op包括一个代表运算符的内部码。三地址语句x:=y op z可表示为:将y置于arg1域,将z置于arg2域,将x置于result域,:=为算符。带有一元运算符的语句如x:=-y或者x:=y的表示中不用arg2。条件和无条件转移语句将目标标号置于result中。赋值语句a:=b*-c+b*-c的四元式表示如下表所示,通常四元式中的arg1,arg2和result的内容都是一个指针,此指针指向有关名字的符号表入口。这样,临时变量名也要填入符号表。

	op	arg1	arg2	result
(0)	uminus	c		t1
(1)	*	b	t1	t2
(2)	uminus	c		t3
(3)	*	b	t3	t4
(4)	+	t2	t4	t5
(5)	:=	t5		a

根据 SPL 语言的特点，制定好合适的四元式中间代码，并完成从该中间代码到汇编代码的变换。

注意：该实验题难度较大，因为中间代码是编译器中连接前端和后端的桥梁部分，要替换 SPL 中的中间代码，必须对 SPL 整个编译器具有相当的熟悉程度。

第三类题目

实验目的

构造一个模拟 A 语言的编译器，要求能够编译 A 语言的程序并且生成汇编代码。

实验要求

某 A 语言基本要求：

A 语言介绍：

· 关键字：void int double bool string class extends null while if else return public private new newarray print readLine readInteger true false 等。

运算符：+ - * / > < = ! { } [ ] <= >= == && ‖。

· 数字表示：支持 10、16 进制整数。小数可以采用科学记数法，如 1E3 也是合法的。

· 注释方法：建议采用 SPL 语言的注释方法，也可以采用类似 C 语言的注释/*…*/。

· 变量作用域：变量必须遵循先定义再使用的原则。

· 目标机环境可以是 DOS 的，也可以是 Linux 的。

建议实验时间为 3～4 周。

实验指南

必须具备比较全面的编译原理方面的知识及一定的实验能力。

工具的选择：工具的选择在很大程度上影响开发能否成功，要充分了解各种工具使用的特点，对使用各种工具的可行性进行评估，对于选取某种工具面临的问题要有所准备。建议使用 LEX 和 YACC 这两个工具来辅助完成编译器的编写，对这两个工具的不同运行环境的版本要有所比较，选择适合自己较为熟悉的版本。也可以用某一个高级程序语言来直接完成，如 C++ 等。

注意：该实验题目具有较强的综合性，且难度较大。比较适合 3～4 人一起设计和开发。

附件 2

SPL 语法定义

· A 程序

program

→first_act_at_prog program_head sub_program oDOT

A.1 程序初始化

first_act_at_prog

→

A.2 程序头

program_head

→kPROGRAM yNAME oSEMI

→error oSEMI

A.3 子程序

sub_program

→routine_head routine_body

· B 子代码(子程序)

sub_routine

→routine_head routine_body

B.1 代码头

routine_head

→label_part const_part type_part var_part routine_part

B.1.1 标签部分

label_part

→

B.1.2 常数部分

const_part

→kCONST const_expr_list

→

B.1.2.1 常数表达式列表

const_expr_list

→const_expr_list yNAME oEQUAL const_value oSEMI

→yNAME oEQUAL const_value oSEMI

B.1.2.2 常数值

const_value

→cINTEGER

→cREAL

→cCHAR

→cSTRING

→SYS_CON

B.1.3 类型部分

type_part

→kTYPE type_decl_list

→

B.1.3.1 类型声明列表

type_decl_list

→type_decl_list type_definition

→type_definition

B.1.3.2 类型定义

type_definition

→yNAME oEQUAL type_decl oSEMI

B.1.3.3 类型声明

type_decl

→simple_type_decl

→array_type_decl

→record_type_decl

B.1.3.3.1 数组类型声明

array_type_decl

→kARRAY oLB simple_type_decl oRB kOF type_decl

B.1.3.3.2 记录类型声明

record_type_decl

→kRECORD field_decl_list kEND

项声明列表

field_decl_list

→field_decl_list field_decl

→field_decl

项声明

field_decl

→name_list oCOLON type_decl oSEMI

名字列表

name_list

→name_list oCOMMA yNAME

→yNAME

→yNAME error oSEMI

→yNAME error oCOMMA

B.1.3.3.3 简单类型声明

simple_type_decl

→SYS_TYPE

→yNAME

→oLP name_list oRP

→const_value oDOTDOT const_value

→oMINUS const_value oDOTDOT const_value

→oMINUS const_value oDOTDOT oMINUS const_value

→yNAME oDOTDOT yNAME

B.1.4 变量部分

var_part

→kVAR var_decl_list

→

变量声明列表

var_decl_list

→var_decl_list var_decl

→var_decl

变量声明

var_decl

→name_list oCOLON type_decl oSEMI

B.1.5 代码部分

routine_part

→routine_part function_decl

→routine_part procedure_decl

→function_decl

→procedure_decl

→

B.1.5.1 函数声明

function_decl

→function_head oSEMI sub_routine oSEMI

函数头

function_head

→kFUNCTION yNAME parameters oCOLON simple_type_decl

B.1.5.2 过程声明

procedure_decl

→procedure_head oSEMI sub_routine oSEMI

过程头

procedure_head

→kPROCEDURE yNAME parameters

参数

parameters

→oLP para_decl_list oRP

→

参数声明列表

para_decl_list

→para_decl_list oSEMI para_type_list

→para_type_list

参数类型列表

para_type_list

→ val_para_list oCOLON simple_type_decl

→ var_para_list oCOLON simple_type_decl

值参数列表

val_para_list

→name_list

变量参数列表

var_para_list

→kVAR name_list

B.2 代码体

routine_body

→compound_stmt

· C 语句序列

stmt_list

→stmt_list stmt oSEMI

→stmt_list error oSEMI

→

C.1 语句

stmt

→cINTEGER oCOLON non_label_stmt

→non_label_stmt

C.1.1 赋值语句

assign_stmt

→yNAME oASSIGN expression

→yNAME oLB expression oRB oASSIGN expression

→yNAME oDOT yNAME oASSIGN expression

C.1.2 过程语句

proc_stmt

→yNAME

→yNAME oLP args_list oRP

→SYS_PROC

→SYS_PROC oLP expression_list oRP

→pREAD oLP factor oRP

参数列表

args_list

→args_list oCOMMA expression

→expression

C.1.3 复合语句

compound_stmt

→kBEGIN stmt_list kEND

C.1.4 if 语句

if_stmt

→kIF expression kTHEN stmt else_clause

→kIF error kTHEN stmt else_clause

else 子句

else_clause

→kELSE stmt

→

C.1.5 repeat 语句

repeat_stmt

→kREPEAT stmt_list kUNTIL expression

C.1.6 while 语句

while_stmt

→kWHILE expression kDO stmt

C.1.7 for 语句

for_stmt

→kFOR yNAME oASSIGN expression direction expression kDO stmt

方向

direction

→kTO

→kDOWNTO

C.1.8 case 语句

case_stmt

→kCASE expression kOF case_expr_list kEND

case 表达式序列

case_expr_list

→case_expr_list case_expr

→case_expr

case 表达式

case_expr

→const_value oCOLON stmt oSEMI

→yNAME oCOLON stmt oSEMI

C.1.9 goto 语句

goto_stmt

→kGOTO cINTEGER

C.2 无标签语句

non_label_stmt

→assign_stmt

→proc_stmt

→compound_stmt

→if_stmt

→repeat_stmt

→while_stmt
→for_stmt
→case_stmt
→goto_stmt
→

· D 表达式序列

expression_list
→expression_list oCOMMA expression
→expression

D.1 表达式

expression
→expression oGE expr
→expression oGT expr
→expression oLE expr
→expression oLT expr
→expression oEQUAL expr
→expression oUNEQU expr
→expr

D.2 子表达式

expr
→expr oPLUS term
→expr oMINUS term
→expr kOR term
→term

D.3 项

term
→term oMUL factor
→term oDIV factor
→term kDIV factor
→term kMOD factor
→term kAND factor
→factor

D.4 因子

factor
→yNAME
→yNAME oLP args_list oRP
→SYS_FUNCT
→SYS_FUNCT oLP args_list oRP
→const_value
→oLP expression oRP
→kNOT factor
→oMINUS factor
→yNAME oLB expression oRB
→yNAME oDOT yNAME

参考文献

1. 陈火旺等编. 程序设计语言编译原理(第3版). 北京:国防工业出版社,2000
2. 吕映芝等编.编译原理.北京:清华大学出版社,1998
3. 肖军模编.程序设计语言编译方法(第3版).大连:大连理工大学出版社,2000
4. 李赣生等编.编译程序原理与技术.北京:清华大学出版社,1997
5. 侯文永编.编译原理及其实现技术.上海:上海交通大学出版社,1993
6. 王雷,刘志成,周晶编.编译原理课程设计.北京:机械工业出版社,2005
7. Allen I Holub. Compiler Design in C. Englewood Cliffs: Prentice Hall, 1990
8. Aho A V, Ganapathi M, And Tjiang S W K. Code generation using tree matching and dynamic programming. ACM Trans. on Programming Languages and Systems. 1989, 11 (4): 491-516
9. Alfred V Aho, Ravi Sethi, Jeffrey D Ullman. Compilers Principles, Techniques and tools. Massachusetts: Addison-Wesley Publishing Company, 1986
10. Cohen N H. Type-extension type tests can be performed in constant time. ACM Trans. on Programming Languages and Systems. 1991, 13(4): 626-629
11. Glanville R S, Graham S L. A new method for compiler code generation, Fifth. ACM symposium on Principles of Programming Language. 1978, 231-240
12. Johnson S C. Yacc-yet another compiler compiler. C. S. Technical Report #32. Bell Telephone Lab, 1975
13. Lesk M E, Schmidt E. Lex-a lexical analyzer generator. In UNIX programmer's Manual 2. AT&T Bell Lab, 1975
14. Hopcroft J E, Ullman J D. Introduction to Automata Theory, Languages, and computation , 2nd. Addison-Wesley, 1979
15. Farrow R. Generating a production compiler from an attribute grammar. IEEE Software, 1984(October), 77-93
16. Fraser C W, Hanson D R. A Machine-independent linker. Software-Practice and Experience. 1982, 351-366
17. Gajewska H. Some statistics on the usage of the C language. AT&T Bell Laboratories, Murry Hill, 1975
18. Ganapathi M. Retargetable Code Generation and Optimization using Attribute Grammars. Ph D. Thesis, Univ. of Wisconsin, Madison, 1980
19. Ganapathi M, Fischer C N, Hennessy J L. Retargetable compiler code generation. Computing Surveys 1982, 14(4): 573-592

20. Geschke C M. Global Program Optimizations. Ph. D. Thesis, Dept. of Computer Science, Carnegie-Mellon Univ, 1972
21. Giegerich R. A formal framework for the derivation of machine-specific optimizers. TOPLAS. 1983, 5(3): 422-448
22. Graham S L, Rhodes S P. Practical syntactic error recovery. Comm. ACM. 1975,18(11):639-650
23. Graham S L, Wegman M. A fast and usually linear algorithm for global data flow analysis. J. ACM. 1976,23,1: 172-202
24. Harrison W. Compiler analysis of the value ranges for variables. IEEE Trans. Software Engineering. 1977,3(3)
25. Hecht M S,Ullman J D. Flow graph reducibility. SIAM J. Computing 1, 1972, 188-202
26. Hecht M S,Ullman J D. A simple algorithm for global data flow analysis programs, SIAM J. Computing 4, 1975, 519-532
27. Hennessy J. Programming optimization and exception handling. Eighth Annual ACM Symposium on Principles of Programming Language, 1981, 200-206
28. Hopcroft J E, Ullman J D. Set merging algorithms. SIAM J. Computing 1973,2(3):294-303
29. Horning J J. What the compiler should tell the user, in Bauer and Eickel. 1976
30. Hunt J W, Szymanski T G. A fast algorithm for computing longest common subsequences. Comm. ACM. 1977, 20(5): 350-353
31. Johnson S C. A portable compiler: theory and practice. Fifth Annual ACM Symposium on Principles of Programming Languages, 1978, 97-104
32. Johnson S C, Lesk M E. Language development tools. Bell System Technical J. 1978, 57(6):2155-2175
33. Jones N D. Semantic Directed Compiler Generation, Lecture Notes in Computer Science 94, Springer-Verlag, Berlin, 1980
34. Jones N D, Madsen C M, Attribute-influenced LR parsing. In Jones, 1980, 393-407
35. Rustin R. Design and Optimization of Compilers, Prentice-Hall, Englewood Cliffs, 1972
36. Ryder B G. Constructing the call graph of a program, IEEE Trans. Software Engineering SE- 1979,5(3): 216-226
37. Ryder B G. Incremental data flow analysis. Tenth ACM Symposium on Principles of Programming Languages, 1983, 167-176
38. Schaefer M. A Mathematical Theory of Global Program Optimization, Prentice Hall, Englewood Cliffs,1973
39. Sethi R. Complete register allocation problems. SIAM J. Computing. 1975, 4(3):226-248
40. Tarhio J. Attribute evaluation during LR parsing, Report A1982-4, Dept. of Computer Science, University of Helsinki, 1982

41. Tarjan R E, Yao A C. Storing a sparse table. Comm. ACM. 1979, 22(11): 606－611
42. Tennent R D. Principles of Programming Languages, Prentice-Hall International Englewood Cliffs, 1981